THÉORIE
DE LA
CONSTRUCTION
DES VAISSEAUX,

QUI CONTIENT PLUSIEURS TRAITEZ
de Mathématique fur des matiéres nouvelles
& curieufes.

Par le P. PAUL HOSTE *de la Compagnie de* JESUS, *Profeffeur des Mathématiques dans le Séminaire Royal de Toulon.*

A LYON,
Chez ANISSON, & POSUEL.

M. DC. XCVII.
AVEC PRIVILEGE DU ROY.

PREFACE.

N ne peut pas nier, que l'art de conftruire les Vaiſ-
ſeaux, qui eſt ſi néceſſaire à l'Eſtat, ne ſoit le moins
parfait de tous les arts. Les meilleurs Conſtructeurs ne bâtiſſent quaſi qu'à la vûë les deux princi-
pales parties du Vaiſſeau, ſçavoir l'avant & l'arriere:
d'où il arrive que le même Conſtructeur bâtiſſant en même temps
deux Vaiſſeaux ſur les mêmes modelles, les fait le plus ſouvent ſi
inégaux, qu'ils ont des qualitez toutes oppoſées.

Le hazard a tant de part à la conſtruction, que les Vaiſſeaux
qu'on conſtruit avec plus de ſoins, ſe trouvent d'ordinaire les plus
mauvais ; & ceux qu'on a négligez, ſe trouvent quelquefois les meilleurs. Ainſi les plus grands Vaiſſeaux ſont ſouvent les plus défec-
tueux, & on voit plus de bons Navires parmi les Vaiſſeaux Marchands, que parmi les Vaiſſeaux de Guerre.

Auſſi les traitez de l'Architecture Navale ; qui ont paru juſques
ici, n'ont touché qu'à l'écorce de la conſtruction des Vaiſſeaux. On
s'eſt contenté de donner le nom, la figure, la liaiſon, & l'uſage
des diverſes parties du Vaiſſeau, avec quelques proportions générales, que le hazard ou le caprice avoit introduit parmi les Conſtructeurs. Mais qui ne voit, que tout cela peut bien apprendre à
bâtir des Vaiſſeaux bons ou mauvais ; & non pas à en faire
de bons le plus ſûrement, le plus aiſément, & avec le moins de
fraiz qu'il ſe peut, comme la perfection de l'art l'exige ?

Il eſt vrai que depuis quelques années les Conſtructeurs François
ont travaillé à perfectionner leur art. Quelques-uns ont commencé de faire des plans, où ils ont déterminé tous les Gabaris ou
modelles de l'avant à l'arrire ; mais comme ils n'ont pas les principes néceſſaires, ils travaillent avec peu de ſûreté. Leurs Vaiſſeaux
ne ſont pas meilleurs, que ceux qu'on bâtiſſoit, ſans ſçavoir ni lire
ni écrire : ils ne vont pas mieux, ils portent ſouvent moins la voile, ils tombent plûtôt, ils durent moins : en un mot les Conſtructeurs d'aujourd'hui conviennent comme les Anciens, qu'on ne ſçait
pas encore ce que veut la mer.

Je n'ignore pas que de tres-habiles gens ſe ſont flatté de trouver

à ij

par

PREFACE.

*par la pratique dans des essais fréquens, ce qu'ils n'ont pas trou-
vé dans la théorie. Mais je pense qu'ils auront peine à réüssir:
le Vaisseau est une machine trop composée, & il faut que trop de
choses concourent à le rendre parfait, pour pouvoir rencontrer par
hazard sa perfection : souvent en ces sortes de choses, quand on
veut rendre son ouvrage meilleur, on le gâte en y corrigeant à l'a-
veugle ce qui en faisoit la bonté. D'ailleurs les essais sont d'une
grande dépense, quand on les fait en grand ; & si on les fait en
petit, les defauts & les perfections y deviennent imperceptibles.
Je conviens que les essais, & l'expérience commencent les arts, quand
les ouvrages sont encore fort simples : mais dés qu'ils viennent à
être plus composez, il faut recourir à la théorie, pour débroüiller cette
multitude confuse de circonstances, qui donnent le change aux Ouvriers,
& les font méprendre.*

*Voilà ce qui me fait suivre une route nouvelle, dans le dessein que
je me suis proposé de donner des régles, pour la construction des
Vaisseaux : j'ai résolu de commencer par la théorie, en apprenant
aux Constructeurs, ce que veut la mer, avant que de leur donner
des régles sûres & aisées de leur art. J'ai senti toute la difficulté
de mon entreprise : mais les grands avantages qu'on en peut tirer,
& les ordres exprés de Monsieur le Maréchal de Tourville m'ont en-
couragé : je laisse à mon Lecteur le jugement du succez, dont je me
suis flatté. Voici comment je m'y suis pris.*

*J'ai d'abord supposé, comme le but de mon dessein, que la per-
fection d'un Constructeur consiste à sçavoir faire des Vaisseaux, qui
aient infailliblement les bonnes qualitez, qu'il y aura voulu mettre:
de maniere qu'il ne puisse plus tomber dans les inconveniens des
Constructeurs ordinaires, qui ne peuvent jamais répondre de leurs
ouvrages ; & qui réüssissent souvent plus mal, quand ils travaillent
avec plus d'application.*

*J'ay donc commencé par examiner les bonnes qualitez d'un Vais-
seau ; j'ai tâché de découvrir les voyes qui y conduisent, en dé-
terminant ce en quoi consistent ces bonnes qualitez, & ce qui peut
les faire naître dans le Vaisseau. Par exemple, une des plus im-
portantes qualitez du Vaisseau, c'est d'aller vîte, ou de fendre aisément l'eau par sa proüe ; j'ai donc examiné, d'où vient la peine qu'-
ont les corps à fendre le milieu. J'ai déterminé comment les diverses figures des corps peuvent diminuer, ou augmenter cette peine ; & qu'elle est la figure la plus propre à un corps pour fendre aisément le milieu. De même il est essentiel à un Vaisseau
de porter sa voile, c'est-à-dire de ne point se coucher quand*

le

PREFACE.

le vent pousse ses voiles de côté : j'ai donc aussi examiné d'où vient la force du Vaisseau pour porter sa voile, en quoi elle consiste, & qu'elle est la figure du Vaisseau qui peut augmenter ou diminuer cette force. J'ai fait la même chose pour toutes les autres qualitez des Vaisseaux ; aprés quoi il m'a été aisé de donner des régles sures pour faire un habile Constructeur, qui agira sur des principes certains, sans qu'il détermine rien dans tout son Ouvrage qu'il n'en sçache l'effet, & qu'il n'en prévoie toutes les suites.

J'ai reduit toutes les veritez générales que j'ai découvertes, à de certains chefs pour en faire ce que j'appelle la Théorie de l'Architecture Navale, qui n'est rien autre chose qu'un traité des qualitez du Vaisseau en général : & qui renferme les théorémes & les problémes généraux, qui doivent servir de fondement aux régles de la Construction des Vaisseaux. C'est là ce qui doit faire la premiere Partie de mon Ouvrage. La seconde apprendra en particulier à déterminer la figure & les proportions des Vaisseaux, à faire leurs plans, à tracer les gabaris ou modéles de toutes leurs piéces, à unir & lier leurs diverses parties les unes avec les autres, en les plaçant sur le Chantier, à achever tout l'ouvrage. La troisiéme contiendra une maniere générale, aisée & exacte d'agréer les Vaisseaux. J'aurois pû donner au public ces trois Parties de la Construction en même temps : mais comme les choses que la premiere Partie contient sont nouvelles, & quelquefois contraires aux préjugez de plusieurs Sçavans : j'ai crû qu'il falloit l'exposer à l'examen de ceux qui voudront la lire, avant que de donner les deux autres qui n'en sont que les corollaires.

J'avois seulement résolu d'indiquer en cette premiere Partie les applications plus générales qu'on peut faire de la théorie à la pratique : mais j'ai ensuite changé d'avis, me persuadant que les plus éclairez, découvriront sans peine, & avec quelque plaisir ces applications, & que les autres seront bien aises de trouver quelque air de nouveauté dans les deux Parties suivantes. On m'avoit conseillé d'indiquer du moins dans mon Ouvrage les divers endroits, qui peuvent être d'une assez grande conséquence pour l'Architecture civile, & pour les autres parties de Mathématique ; & sur tout on insistoit que je fisse remarquer plusieurs erreurs, où on a donné parmi les Sçavans sur les matiéres que je traitte : mais je n'ai pas voulu distraire mon Lecteur, dont j'avois besoin de ménager l'attention : je me suis contenté de faire remarquer les paralogismes, qui sembloient prouver le contraire de mes propositions, remettant à un autre temps les réflexions que je pourrai faire sur mes nouvelles découvertes.

Mes amis m'ont encore remontré que je faisois tort à mon Ou-

ã iij

vrage,

PREFACE.

vrage, en lui donnant un titre qui le limite à la construction des Vaisseaux, dont bien des gens ne s'embarrassent gueres : quoiqu'il contienne tant de choses qui peuvent interesser les moins curieux ; car enfin, me disoient-ils, votre Théorie est dans le fond un recueil de plusieurs traitez de Mathématique sur des matiéres également utiles, curieuses & nouvelles. Elle renferme 1. Un traité de la peine que trouvent les corps dans le milieu où ils se meuvent. 2. Un traité de l'équilibre des corps qui surnagent dans les liqueurs. 3. Un traité du mouvement que l'agitation des liqueurs communique aux corps qui y surnagent. 4. Un traité du mouvement que les corps peuvent avoir autour d'un de leurs points. 5. Un traité de la force des parties qui composent un bâtiment, & de la figure qu'elles doivent avoir pour rendre le bâtiment également fort par tout. 6. Une nouvelle maniere de trouver, & de décrire les courbes du second genre, & quelques unes du troisiéme, j'ai appellé courbes du second genre celles qui montent au second dégré. Ces remontrances m'ont obligé seulement d'avertir mon Lecteur dans le titre du Livre, qu'il y trouvera des choses dignes de sa curiosité.

J'ai tâché de reduire toutes mes démonstrations aux premiers élémens de la géométrie, que j'ai cité le plus exactement que j'ai pû ; & si quelquefois les conséquences que j'ai tirées, semblent trop éloignées de leurs premisses : j'ai été obligé d'en user ainsi pour éviter une trop grande longueur, qui n'auroit pas rendu mes démonstrations moins obscures. Je ne doute pas pourtant que mon Lecteur ne rencontre des propositions qui lui feront de la peine, parce qu'elles seront contraires à ses préjugez : je le prie de ne se pas rebuter, & je me flatte, que s'il n'est pas d'abord pleinement satisfait, il le sera dans la suite. Il est certaines propositions, dont on ne peut pas faire sentir la vérité tout d'un coup ; les préventions contraires qu'on a, nous éblouïssent si fort, qu'elles nous empêchent d'être sensibles aux lumieres les plus claires ; mais peu à peu nos préjugez se dissipent, nous commençons de voir à la faveur d'une application constante, & bientôt nous nous étonnons nous mêmes d'avoir trouvé de l'obscurité, où il n'y avoit en effet qu'une clarté tres-pure.

Pour les loix du mouvement que j'ai établies, je ne prétens pas les faire recevoir autrement, que comme un sisteme qui facilite l'explication des choses dont tout le monde convient. Qui peut sçavoir les loix que Dieu a établies, pour régler l'Univers ? Aussi n'ai-je pas appuié mon Ouvrage sur ces loix, & si je les cite dans quelques démonstrations, c'est en les prenant pour des faits dont personne ne peut douter.

Je prie aussi mon Lecteur de trouver bon, que je donne à de certains
termes

PREFACE.

termes une signification plus étenduë, qu'on ne leur donne communé-
ment ; j'ai été quelquefois obligé d'en user ainsi, pour me rendre plus
intelligible dans des matiéres, qui sont d'elles mêmes fort embroüillées,
& j'ai crû qu'il suffisoit de marquer la signification que je donne à un
terme, pour avoir droit de m'en servir, sans craindre de faire de la
peine à mes Lecteurs. J'ai pris cette liberté en particulier dans les
mots de vîtesse, & de choc : & je me flatte qu'on ne le trouvera pas
mauvais, si on prend la peine de parcourir tout le premier chapitre de
mon Ouvrage.

Au reste je ne crois pas devoir répondre à ce qu'on m'a reproché
dans le Journal des sçavans, où on prétend que les ouvrages de
Mathématique que j'ai donné au public, semblent être éloignez de ma
profession. Les Papes, les Empereurs, les Rois, presque tous les
Princes, & toutes les Villes considérables de la Chrétienté, qui ont
donné leurs Colléges aux Jesuites pour y enseigner les Mathématiques, comme les autres Sciences humaines, ont sans doute pensé tout
autrement que l'Autheur du Journal, & il me permettra bien de
penser de même.

TABLE

TABLE
POUR LA THÉORIE
DE LA CONSTRUCTION
DES VAISSEAUX.

LIVRE PREMIER.

De la figure du Vaiſſeau en général.

CHAPITRE PREMIER.

De la figure du Vaiſſeau par rapport à l'eau qu'il doit fendre.

§. I. Du mouvement.   Page 4

§. II. D'où vient la peine que les corps trouvent à fendre le milieu.   7

§. III. De la peine que les ſurfaces planes trouvent à fendre le milieu.   9

§. IV. Application des mêmes principes à la voile & au gouvernail.   17

§. V. De la peine que les ſurfaces qui ne ſont pas planes, trouvent à fendre le milieu.   19

§. VI. De la peine que les priſmes trouvent à fendre le milieu, par une ligne parallele à leur axe.   21

§. VII. De la peine que les priſmes trouvent à fendre le milieu, par une ligne perpendiculaire à leur axe.   23

§. VIII. De la peine que les priſmes trouvent à fendre le milieu, par des lignes inclinées ſur leur axe.   29

§. IX. De la peine que les piramides trouvent à fendre le milieu, par une ligne parallele à leur axe.   30

§. X. De la peine que les piramides trouvent à fendre le milieu, par une ligne perpendiculaire à leur axe.   38

§. XI. De la peine que le globe trouve à fendre le milieu.   41

§. XII. Comparer la peine que les divers corps trouvent à fendre le milieu.   42

Table pour la Théorie.

CHAPITRE SECOND.

De la figure du Vaisseau par rapport à la voile qu'il doit porter.

§. I.   Du centre de gravité du Vaisseau.   48
§. II.   D'où vient la force du Vaisseau pour porter la voile.   48
§. III.   Trouver la force du Vaisseau pour porter la voile, en lui ôtant ou en lui ajoûtant un poids.   50
§. IV.   Trouver la force du Vaisseau pour porter la voile, en le faisant pancher par un poids extérieur.   55
§. V.   Comment le Vaisseau se plonge plus, quand on le fait pancher.   59
§. VI.   Application des mêmes régles au Vaisseau terminé de surfaces planes.   62
§. VII.   Comment en soufflant les Vaisseaux, on augmente la force qu'ils ont pour porter la voile.   65
§. VIII. Ce que la figure ordinaire des Vaisseaux change aux régles précédentes.   65

CHAPITRE TROISIE'ME.

De la figure du Vaisseau par rapport au tangage.

§. I.   Ce que c'est que le tangage.   68
§. II.   Ce que l'arrimage du Vaisseau fait à son tangage.   71
§. III.   Ce que la grosseur du Vaisseau fait à son tangage.   72
§. IV.   Ce que la figure du Vaisseau fait à son tangage.   73
§. V.   Comment le tangage diminuë la vîtesse du Vaisseau.   77
§. VI.   Du rouli.   80

CHAPITRE QUATRIE'ME.

De la figure du Vaisseau par rapport à la dérive.

CHAPITRE CINQUIE'ME.

De la figure du Vaisseau par rapport au Gouvernail.

§. I.   Ce que fait la figure du Vaisseau, afin que le Gouvernail se présente bien à l'eau.   84
§. II.   Du mouvement qu'un corps peut avoir autour d'un de ses points.   85
§. III.   Autour de quel point tourne plus aisément un corps poußé par un de ses bouts.   89
§. IV.

§. IV. *Ce que les differentes figures des corps peuvent changer aux régles précédentes.* 91

LIVRE SECOND.

De la folidité des Vaiſſeaux.

CHAPITRE PREMIER.

De la force des parties qui peuvent compoſer les Vaiſſeaux.

§. I. *SVppoſitions générales.* 94

§. II. *De la force des poutres rectilignes, & de la figure qu'elles doivent avoir pour être également fortes par tout, dans toutes les circonſtances où elles peuvent être emploiées.* 97

§. III. *De la force des poutres curvilignes, & de leur figure pour les rendre également fortes par tout.* 121

§. IV. *Des poutres composées de pluſieurs piéces.* 128

CHAPITRE SECOND.

De la force des liaiſons des parties du Vaiſſeau.

CHAPITRE TROISIE'ME.

De l'effort que les parties du Vaiſſeau doivent ſoûtenir.

§. I. *De l'effort de l'eau contre le Vaiſſeau.* 131

§. II. *De l'effort que doivent ſoûtenir les vergues.* 133

§. III. *De l'effort que doivent ſoûtenir les mâts.* 134

CHAPITRE QUATRIE'ME.

De la maniere dont les parties du Vaiſſeau s'entre-ſoûtiennent.

§. I. *D'où vient que les Vaiſſeaux tombent.* 142

§. II. *Ce qui peut empêcher que les Vaiſſeaux ne tombent.* 143

LIVRE TROISIE'ME.
Des plans du Vaisseau.

CHAPITRE PREMIER.
Des trois plans du Vaisseau.

§. I. *Du plan qui se fait sur la maîtresse varangue.* 146
§. II. *Des deux autres plans du Vaisseau.* 148

CHAPITRE SECOND.
Des reductions dont on se sert dans les plans du Vaisseau.

§. I. *Trouver toutes les ellipses possibles par les reductions.* 149
§. II. *Trouver toutes les paraboles possibles par les reductions, & par les progressions arithmétiques dont on découvre une nouvelle proprieté.* 150
§. III. *Trouver toutes les hyperboles possibles par les reductions, & par une nouvelle maniere de couper les triangles.* 158
§. IV. *Trouver des lignes plus composées par des reductions qui sont en usage parmi les Constructeurs, & dont on découvre la nature.* 160
§. V. *Méthode générale pour faire passer des courbes par plus de deux points donnez, de sorte qu'elles touchent une ligne donnée.* 162

CHAPITRE TROISIE'ME.
Machines pour décrire les lignes précédentes.

§. I. *Décrire toutes les lignes du second genre par une seule machine.* 164
§. II. *Machines particulieres pour l'hyperbole.* 168
§. III. *Machines pour les lignes plus composées.* 169

Fin de la Table.

THE'ORIE

THEORIE
DE LA CONSTRUCTION
DES
VAISSEAUX.

LIVRE PREMIER.

De la figure du Vaisseau en Général.

L me semble que la Théorie de la Construction des Vaisseaux se reduit à examiner trois sortes de choses. 1. Les choses qui peuvent déterminer la figure du Vaisseau. 2. Celles qui peuvent contribuer à sa solidité. 3. Celles qui en peuvent faciliter les plans. Nous examinerons dans ce premier Livre les choses qui peuvent déterminer la figure du Vaisseau : & nous le diviserons en six Chapitres ; parce que la figure du Vaisseau peut faire. 1. Qu'il fende l'eau avec moins de peine. 2. Qu'il porte mieux la voile. 3. Qu'il tourmente moins. 4. Qu'il gouverne mieux. 5. Qu'il dérive moins. 6. Qu'on y oriente plus aisément les voiles.

Division de l'ouvrage.

CHAPITRE PREMIER.

De la figure du Vaisseau par rapport à l'eau qu'il doit fendre.

EXPLICATION DU SUJET.

ON s'est apperçû de tout temps, que les diverses figures des corps les rendent plus ou moins propres à fendre les liqueurs dans lesquelles ils se meuvent. Il n'a pas fallu recourir à la chûte

Ce que fait la figure du mobile dans les liquides.

A   des

des corps peſants, pour en convaincre les plus opiniâtres ; puiſque les corps qu'on fait mouvoir dans l'eau le démontrent à tous ceux qui ont des yeux. Perſonne n'en a doûté ; mais perſonne ne s'eſt encor aviſé de traiter exactement d'une matiére ſi utile, & ſi curieuſe. On n'a pas même examiné à fond ce en quoi conſiſte cette peine, que les corps trouvent à fendre le milieu où ils ſe meuvent. On s'eſt contenté d'en juger ſur des préventions, & par des analogies, qui ont donné lieu à beaucoup d'erreurs.

Premiere opinion. Quelques-uns ont crû que la peine, que trouvent les corps durs à fendre les liquides, vient de la même cauſe, qui fait que les corps durs ſe diviſent difficilement les uns les autres : & ſur ce préjugé ils ont penſé que comme les corps durs, qui ſont deſtinés à diviſer les autres, doivent être aigus, & avoir un tranchant ; il faut de même que les corps durs, qui doivent fendre les corps liquides, ſoient aigus, & comme terminés en tranchant. C'eſt là ſans doûte la penſée qui ſe preſente d'abord à ceux qui examinent la queſtion dont il s'agit : & on donne ſans peine dans le ſens du Poëte, qui prétend que le Vaiſſeau dans la mer fait à peu prés comme le ſoc de la charruë dans une terre qu'on laboure : qu'il y fait des ſillons en s'y ouvrant un paſſage, & que ces ſillons different ſeulement de ceux de nos campagnes, en ce que ceux-cy ſubſiſtent long-temps aprés que la charruë a paſſé ; au lieu que ceux-là ſe rempliſſent, & s'effacent d'eux-mêmes preſque en un moment. C'eſt auſſi pour cela que les Anciens terminoient la prouë de leurs Vaiſſeaux par des eſpeces de becs d'airain, qu'ils prétendoient ſervir de ſoc, pour leur ouvrir un paſſage dans la mer ; & même aujourd'hui nous appellons Taille-mer une piece de bois aſſez aiguë qu'on met à l'avant du Vaiſſeau. Il faut neanmoins convenir, que ce n'eſt point le tranchant des corps qui leur fait fendre plus aiſément les eaux : puiſque l'experience nous apprend que les corps pénétrent, & traverſent l'eau avec moins de peine, quand on les y fait mouvoir le gros bout premier. Par exemple, ayez une poutre de figure conique, qui ſurnage dans l'eau : ſi vous la pouſſés en donnant du plat de la main contre ſa pointe ; elle ira plus loin conſiderablement, que ſi vous la pouſſiez avec la même force en frappant ſa baſe. Auſſi ne voit-on jamais que les Matelots remorquent ces ſortes de bois par la pointe ; ils les font toûjours aller le gros bout premier. De même on donne à tous les Bâtimens de la mer un gros avant & un arriére délié, à l'exemple ſans doute des poiſſons, dont les plus vîtes ſont fort gros en avant, & fort minces en arriére.

Seconde opinion. Toutes ces choſes ont fait dire à quelques-uns, que le gros bout d'un corps paſſant le premier ouvre une voye par où le reſte paſſe

ſans

ſans peine. Ils confirment leur penſée par l'exemple des Bateliers, qui voulant faire remonter une riviére à pluſieurs bateaux, mettent les plus gros les premiers, afin qu'aiant ouvert un chemin aux plus petits, ceux-cy remontent ſans trouver nulle reſiſtance. Mais ſi ce raiſonnement eſt ſolide, il prouve beaucoup mieux que les corps durs ne doivent pas être aigus pour fendre les autres corps durs : car ſi le ſoc de la charruë faiſoit d'abord une groſſe ouverture dans la terre, le reſte y paſſeroit ſans peine ; d'autant plus que l'ouverture une fois faite, ſubſiſteroit dans la terre, au lieu qu'elle ſe referme d'abord dans l'eau. Pour ce qui eſt des bateaux qu'on fait remonter une riviére ; les gros ne fendent pas l'eau pour les petits, car nos yeux nous en convainquent : mais ils les mettent à l'abri du courant qu'ils détournent, comme font les rochers & les autres corps immobiles, qui ſe trouvent dans le courant d'une riviére rapide.

D'autres ont ſuppoſé que les corps qui fendent l'eau en reçoivent le Troiſieme opinion. même mouvement, qu'elle leur imprimeroit, s'ils étoient en repos, & qu'elle fut portée contr'eux avec une viteſſe égale : d'où ils concluent que la peine que les corps trouvent à fendre l'eau vient de ce que l'eau les repouſſe, en les frappant avec la même force que feroit un torrent qui fondroit ſur eux, & les entraîneroit. Mais tout cela ne fait pas comprendre comment un corps fent plus aiſément l'eau par ſon gros bout : puiſqu'il ſemble toûjours qu'en lui préſentant ſon gros bout, il en rencontre une plus grande quantité, ou qu'il en eſt frappé plus directement, & avec plus de force. C'eſt pour cela que les éperons qu'on fait pour défendre les ponts contre les riviéres rapides, préſentent un tranchant au courant : afin que les eaux ne les frappant que de biais, leur faſſent moins de violence.

On n'a donc pas encor examiné à fond d'où vient la peine que trouvent les corps à fendre les liqueurs où ils ſe meuvent ; il faut que nous décidions exactement, & d'une maniére géométrique, un point ſi eſſentiel à la conſtruction : nous allons enſuite donner une méthode aiſée pour ſupputer cette peine dans tous les corps, de quelque figure qu'ils puiſſent être : nous allons déterminer géométriquement les figures qui diminuent plus ou moins cette peine, & faire connoître la figure que doit avoir un corps pour fendre le milieu où il ſe meut, le plus aiſément qu'il ſe peut. Aprés cela il ne ſera pas difficile de déterminer la figure que doivent avoir les Vaiſſeaux pour être bons voiliers. Il faut ſeulement obſerver que nous ſuppoſerons d'abord le milieu parfaitement liquide : nous reſervant enſuite à faire dans la pratique les reſtrictions que les differentes liqueurs exigeront.

§. I.

Du Mouvement.

I.

LE mouvement est *ce qui approche, ou éloigne successivement un corps d'un autre.* Il faut toûjours considerer le corps qui se meut comme un point ; & le corps dont il s'approche, ou dont il s'éloigne, comme un plan parallele à la face que le corps, qui est en repos, présente à celui qui se meut.

I I.

Figure 1.

La direction du mouvement est la ligne perpendiculaire, qui tombe du corps qui se meut sur celui dont il s'approche, ou dont il s'éloigne. Ainsi quand le corps A parcourt la ligne A B, nous disons qu'il se meut, parce qu'il s'approche des corps B. C. D. & s'éloigne des corps E. F. G. Nous disons de même que la *direction* du mouvement qui porte le corps A vers le corps B, est la ligne A B. comme A C est la direction du mouvement qui le porte vers le corps C. &c.

I I I.

La direction du mouvement fait une partie de son essence : c'est à dire que le même mouvement ne peut pas avoir deux directions differentes ; & il faut reconnoître autant de differents mouvemens dans un corps, qu'il a de directions differentes.

I V.

La vitesse du mouvement est l'espace que parcourt le Mobile en un temps déterminé.

V.

Figure 1.

Le produit de la masse du Mobile, par sa vitesse peut toûjours exprimer la quantité du mouvement. Ainsi le corps A qui parcourt la ligne A B a autant de mouvement, qu'en auroit la moitié du corps A, si elle parcouroit deux fois la ligne A B.

V I.

Deux mouvemens sont contraires lorsqu'ils ont des directions opposées. Ainsi le mouvement qui porte le corps A vers B, est contraire à celui qui porteroit le corps B vers A.

V I I.

VII.

Le choc de deux corps, eſt *la rencontre de deux corps qui ſont* Figure 2. *pouſſés l'un contre l'autre.* Le choc peut ſe faire en deux maniéres, 1. Si le corps A parcourant la ligne A B, rencontre le corps B, ils ſe choqueront. 2. Si le corps A étant en repos contre le corps B reçoit un mouvement par la direction A B, ſans que le corps B en reçoive un ſemblable, qui lui ſoit proportionné; les deux corps ſe choqueront. Dans le premier cas, nous diſons que le corps A *frappe* le corps B, & dans le ſecond nous diſons qu'il le pouſſe : mais dans l'un & l'autre cas, nous diſons que le corps A *choque* le corps B, parce qu'il le rencontre, & qu'il eſt pouſſé contre lui.

Remarque.

Je ſçai bien qu'on prent plus ſouvent, le choc pour la percuſſion: *mais je ne penſe pas que cela doive m'empêcher de lui donner ici une ſignification plus ample.*

VIII.

Le choc de deux corps eſt parfaitement le même, quand le mouvement qui les pouſſe l'un contre l'autre eſt le même : ſoit qu'il ſe trouve dans l'un, ou dans l'autre corps ; ſoit qu'il ſe trouve partie dans l'un, partie dans l'autre. Ainſi quand deux corps A. B. ſe cho- Figure 2. quent, pour juger de l'effort du corps A ſur le corps B, on pourra ſuppoſer que le mouvement qui les porte l'un contre l'autre eſt tout dans le corps A : on pourra enſuite faire le même pour le corps B.

IX.

La quantité du choc eſt égale au produit du moindre des deux corps, par la viteſſe avec laquelle ils ſont pouſſés l'un contre l'autre.

X.

La direction du choc, eſt la même que celle du mouvement qui pouſſe les corps l'un contre l'autre.

Loix du Mouvement.

Premiére Loi. *Quand un corps en choque un autre, il lui imprime un mouvement égal, & ſemblable à leur choc.* Soit le corps Figure 8. A qui parcourant la ligne A B, rencontre le corps B : ces deux corps ſe choqueront ; & parconſéquent le corps A imprimera, au corps B un mouvement égal à leur choc, par la direction A B : & le corps B imprimera au corps A un mouvement égal à leur choc par la direction. B A [a].

Defin. 8.[a]

A iij　　Seconde

Seconde Loi. Le mouvement qu'on a imprimé à un corps perſé-
vére juſques à ce que le mobile ne puiſſe plus ſe mouvoir par la mê-
me direction. Nous diſons qu'un mobile ne peut plus ſe mouvoir par
une direction, quand on lui imprime un mouvement égal par une
direction contraire, ou quand il trouve un obſtacle inſurmontable.
Il ſe peut faire que le mouvement contraire qu'on imprime au mobile, ne ſoit égal qu'à une partie de celui qu'il avoit déja, & alors il
n'y a que cette partie qui ſoit détruite. De-même l'obſtacle peut être
inſurmontable en deux maniéres. 1. Quand l'obſtacle ne peut nullement être ôté de ſa place, & alors le mobile pert tout ſon mouvement. 2. Quand l'obſtacle ne peut être ôté qu'avec une viteſſe moindre que celle du mobile, & alors le mobile pert une partie proportionnée de ſon mouvement.

Remarque.

Ces deux Loix tres-ſimples, l'une pour la production du mouvement, l'autre pour ſa deſtruction, ſuffiſent, pour expliquer géométriquement, tous les éffets qu'on remarque dans les corps qui ſe frappent,
ou qui ſe pouſſent : en voici deux exemples.

Figure 3.   1. Soient les faces de deux corps B C, C D perpendiculaires l'u-
ne ſur l'autre : Si le corps A parcourt la ligne A B inclinée ſur la face
B C : il aura deux mouvemens ; [a] l'un qui l'approchera du corps
Defin. 2.   B C par la direction A C; l'autre qui l'approchera du corps D C par
la direction A D : & ces deux mouvemens ſeront entr'eux comme
A C eſt à A E. Je dis donc que ſi le mobile A vient à rencontrer le
corps B, qui eſt un obſtacle inſurmontable ; il ſera repouſſé aprés le
choc par la ligne B D, de ſorte que les angles A B C, D B C ſeront
égaux.

    Demonſtr. Puiſque le corps B eſt un obſtacle inſurmontable, le
mouvement qui portoit le corps A contre le corps B ſera détruit ; [b] & à
2. L.   cauſe du choc le corps B imprimera au corps A un mouvement dont la
direction ſera B E, & qui ſera égal au mouvement qui approcheoit le
corps A du corps B [c]. Donc aprés le choc le corps A aura deux mou-
1. L.   vemens, dont l'un ſera exprimé par la ligne B E ou C A, & l'autre
par la ligne E D, ou A E : donc aprés le choc il parcourra la ligne
B D, de ſorte que B E ſera à E D, comme C A eſt à A E, ou de ſorte que les angles A B C. D B C ſeront égaux. Ce qu'il &c.

Figure 4.   2. Soit A le centre de gravité d'un corps dont la baſe C D eſt ſur
un plan incliné parfaitement uni, & s'étend au delà du point E, ou
la verticale A E coupe le plan incliné. Je dis que le corps A gliſſera
par une ligne A H parallele à C D. Tirons A B perpendiculaire ſur
C D, B L perpendiculaire ſur A E, & A I perpendiculaire ſur G H,

&

ſuppoſons que AE eſt le mouvement par lequel le corps A tend en bas durant un temps infiniment petit.

Démonſtr. Puiſque la ligne AE exprime le mouvement par lequel le corps A tend en bas durant un temps infiniment petit, la ligne AB exprimera celui par lequel il pouſſe le plan CD [a] : & parce que le plan CD eſt un obſtacle inſurmontable, il détruira tout le mouvement AB [b], où les mouvemens BL, AL, & en même temps il repouſſera le corps A par le mouvement AG, ou par les mouvemens GI, AI. Mais le poids du corps A eſt un obſtacle inſurmontable au mouvement GI : puiſque le mouvement du poids A en un temps infiniment petit eſt égal à AE ; donc le mouvement GI ſera détruit, & il ne reſtera dans le corps A que les mouvemens LE & AI, ou IH & AI, ou AH. [c] Ce qu'il &c.

[a] Défin. 2.

[b] 2. L.

[c] Défin. 2.

Remarque.

Si le mouvement AE étoit accéléré, ou plus grand que celui du poids A en un temps infiniment petit, alors le poids A ſuivroit quelque ligne plus élevée que AH durant quelque temps ; parce qu'alors le poids A ne ſeroit pas un obſtacle inſurmontable au mouvement GI. Ce qui ne peut rien changer à nôtre propoſition, parce que le mouvement AE ne s'accélére pas, mais ſeulement le mouvement AH.

§. II.

D'où vient la peine que les corps trouvent à fendre le milieu où ils ſe meuvent.

Propoſition 1.

SI le globe A pouſſe le globe B, il ne pourra pas ſe mouvoir auſſi vîte, que s'il ne le pouſſoit pas. Figure 5.

Démonſtr. Puiſque le globe A pouſſe le globe B ; le globe B lui imprime un mouvement contraire, [a] égal à leur choc : donc le globe A perd une partie de ſon mouvement égale au même choc ; [b] donc il ne peut pas ſe mouvoir auſſi vîte que s'il ne pouſſoit pas le globe B. Ce qu'il falloit démontrer.

[a] 1. L.

[b] 2. L.

Propoſition 2.

La peine que le globe A trouve à pouſſer le globe B, eſt égale au mouvement qu'il communique au corps B.

Démonſtr. La peine que le globe A trouve à pouſſer le globe B n'eſt rien autre choſe, que le mouvement qu'il perd en le pouſſant ; mais le mouvement qu'il perd en le pouſſant, & le mouvement qu'il lui communique ſont égaux chacun au choc [a], & par conſéquent entr'-eux ;

[a] Précéd.

eux ; donc la peine que le globe A trouve à pouſſer le globe B eſt égale au mouvement qu'il lui communique : Ce qu'il &c.

Propoſition 3.

Figure 6.   Quand le corps A B ſe meut dans une liqueur , il faut qu'il communique aux parties de la liqueur , le mouvement qui leur eſt néceſſaire pour quitter la place qu'elles occupent devant , & pour occuper la place qu'il quitte derriére. Suppoſons donc que le corps A B quitte la place A B en s'avançant ſur la place B C.

Démonſtr. Le corps A B ne peut pas quitter la place A B pour prendre la place B C : ſans que les parties de la liqueur quittent la place B C qui eſt devant , & occupent la place A B derriére : donc il faut que le corps A communique aux parties de la liqueur le mouvement qui leur eſt néceſſaire pour quitter la place qu'elles occupent devant , & pour occuper celle qu'il quitte derriére : Ce qu'il &c.

Propoſition 4.

Figure 7.   Quand le corps D qui ſe meut dans une liqueur, gagne en s'avançant la place du globe A , & quitte la place B , il communique autant de mouvement aux parties de la liqueur, que ſi le globe A paſſoit de la place A à la place B, en coulant le long des côtez du corps D.

Démonſtr. Si le globe A paſſoit de la place A à la place B en parcourant l'eſpace A C B , ſon mouvement ſeroit le produit d'un globe par quatre diamétres C C : & ſi le globe A paſſe de la place A à la place C, & que les globes C paſſent ſucceſſivement de l'un à l'autre juſques à B , leur mouvement ſera le produit de quatre globes par un diamétre C C. Mais ces deux produits ſeront égaux [b], donc le mouvement des parties de la liqueur ſera le même que ſi le globe A paſſoit de la place A à la place B en coulant le long des côtez du corps D. Ce qu'il &c.

b.
Défin. 6.

Corollaire.

La peine que le mobile trouve à fendre le milieu , peut toûjours être exprimée par le mouvement qu'il faut à la maſſe de la liqueur déplacée pour paſſer le long des côtez du mobile , depuis la place qu'il occupe en s'avançant, juſques à celle qu'il quitte.

Propoſition 5.

La peine que le mobile trouve à fendre le milieu , croît en même raiſon que ſa viteſſe.

Démonſtr. La viteſſe du mobile croître , n'eſt rien autre choſe,

que

que le mobile, faire le même chemin, ou donner le même mouvement aux parties du milieu, en moins de temps : donc la peine du
mobile & la vîteſſe du mobile croiſſent en même raiſon que le temps
décroît, donc la peine du mobile & ſa vîteſſe croiſſent en même raiſon.   Ce qu'il &c.

Remarque.

On fait ici un paralogiſme ; quand pour montrer que la peine
du mobile croît en raiſon doublée des vîteſſes, on dit qu'une plus
grande vîteſſe fait que le mobile pouſſe un plus grand nombre de
parties, en un temps égal ; & qu'il pouſſe chaque partie avec plus
de force : ainſi, conclut-on, quand la vîteſſe du mobile eſt double, il
pouſſe deux fois autant de parties du milieu en un temps égal, &
il pouſſe chaque partie avec deux fois autant de vîteſſe, & parconſéquent, ſa peine eſt quadruple.   Cela s'appelle faire croître la peine
du mobile deux fois pour la même raiſon.   Afin d'en être convain-
cu, il faut remarquer que ſi la peine du mobile devoit croître pour
deux chefs, il faudroit 1. Qu'il pouſsât un plus grand nombre de
parties en un temps égal : 2. Qu'il donnât à chaque partie un plus
grand mouvement, en leur faiſant parcourir un plus grand eſpace.
Mais il n'eſt pas vrai qu'il donne à chaque partie un plus grand mouvement, puiſqu'il leur fait parcourir à chacune le même eſpace,
ſoit qu'il ſe meuve moins, ou plus vîte : & quand on dit que le mobile frappe plus vîte chaque partie, il faut concevoir qu'il employe
moins de temps à leur faire parcourir l'eſpace que chacune doit parcourir ; ou qu'il pouſſe moins long-temps chaque partie, ou qu'il en
pouſſe plus en un temps égal.

§. I I I.

De la peine que les ſurfaces Planes trouvent à fendre le milieu.

Propoſition 6.

SOient les parallelogrammes A B, B C égaux ; ſi on fait paſſer Figure 8.
la liqueur qui couvre A B, ſur B C par des lignes paralleles à
A C, ſon mouvement ſera égal au produit de la liqueur par la hauteur A B du parallelogramme.

Démonſtr. Le point A de la liqueur A B ſe rendra ſur le point
B du parallelogramme B C, donc ſa vîteſſe ſera A B : tous les autres points de la liqueur A B, parcourront une ligne égale à A B, ou
auront la même vîteſſe pour ſe rendre ſur les points qui leur répondent dans le parallelogramme B C : donc la vîteſſe de toute la li-

B   queur

queur A B ſera égale à la hauteur A B du parallelogramme ; donc
le produit de la liqueur par A B[a] exprimera ſon mouvement. Ce
qu'il &c.

[a] Défin. 6.

Corollaire.

La liqueur qui couvre le parallelogramme A B pouvant être exprimée par le parallelogramme A B : on peut exprimer le mouvement
qu'il lui faut, pour paſſer du parallelogramme A B au parallelogramme B C, par un parallelipipede dont le parallelogramme A B ſera
la baſe & dont le côté A B ſera la hauteur.

Propoſition 7.

[Figure 9.]　Soit quelque triangle A B C couvert d'une liqueur , qui étant
également pouſſée de tous les côtez, excepté le côté, qui répond
à la baſe A B, eſt en éffet portée vers la baſe A B. Je dis que tous
les points de la liqueur ſe rendront ſur la baſe A B par la ligne la plus
courte qui les y conduit. Tirez C E qui ſoit la plus courte de celles
qu'on peut tirer du point C à la baſe A B. Tirez auſſi quelqu'autre
ligne C H, & H F, parallele à C E.

Démonſtr. Puiſque le point C n'eſt pouſſé que vers la baſe A B,
il ne ſera pas pouſſé vers le point H, ou vers la ligne H F , donc il ne
ſe rendra pas ſur A B par la ligne C H, mais par la ligne C E. Ce
qu'il &c.

Corollaire.

Si quelque puiſſance pouſſe la liqueur A B C vers la baſe AB, tous
les points de la liqueur s'y rendront par des lignes paralleles à la plus
courte de celles qu'on pourra tirer du point C ſur la baſe B A.

Propoſition 8.

Si la liqueur A C B, qui eſt chaſſée vers la baſe A B, doit paſſer
de la baſe A B ſur le triangle B D A : elle y paſſera par des lignes paralleles à E D. Tirons les lignes M N paralleles à C E, & N O paralleles à E D.

Démonſtr. Puiſque la liqueur C E B doit occuper l'eſpace B D E,
la liqueur B M N occupera l'eſpace B O N qui lui eſt proportionnel :
[a] donc la liqueur C E N M occupera l'eſpace D E N O : mais les eſpaces C E N M, peuvent être pris pour des lignes paralleles à C E,
& les eſpaces D E N O pour des lignes paralleles à D E , leur largeur
pouvant être infiniment petite : donc la liqueur qui ſort du triangle
A C B par des paralleles à la ligne C E, paſſera ſur le triangle A D B
par des paralleles à la ligne D E. Ce qu'il &c.

[a] 2. 6. Euc.

Propoſition

Propoſition 9.

Si la liqueur A C B , paſſe du triangle A C B, ſur le triangle A D B [Figure 10.] égal en tout ſens , par des lignes paralleles à la ligne C A D : ſon mouvement pourra être exprimé par une piramide , dont la baſe ſera le quarré de la ligne A C, & dont la hauteur ſera la ligne A B. Tirons F G H parallele à C A D.

Démonſtr. Chaque partie F G de la liqueur aiant la ligne G H égale à F G pour ſa vîteſſe, ſon mouvement pourra être exprimé par le quarré de la ligne F G ; donc le mouvement de toute la liqueur pourra être exprimé par une infinité de quarrez dont les lignes C A , F G ſeront les côtez. Mais ces quarrez font une piramide qui a le quarré de C A pour baſe, & la ligne A B pour hauteur ; donc le mouvement de la liqueur C A B pourra être exprimé par une piramide, qui aura le quarré C A pour ſa baſe & la ligne A B pour ſa hauteur. Ce qu'il &c.

Propoſition 10.

Ayant achevé les parallelogrammes A B E C. A B L D , le mouvement de la liqueur A C B qui paſſe ſur A D B eſt au mouvement de la liqueur A B E C qui paſſe ſur A B L D comme 1. eſt à 3.

Démonſtr. Le mouvement de la liqueur A C B ſera exprimé par une piramide , qui aura le quarré A C pour baſe, & A D pour hauteur [a], & le mouvement de la liqueur A B E C ſera exprimé par un parallelipipéde qui aura la même baſe, & la même hauteur [b] ; mais la piramide eſt au parallelipipéde comme 1. eſt à 3 [c] donc le mouvement de la liqueur A C B, ſera au mouvement de la liqueur A B E C comme 1. eſt à 3. Ce qu'il &c.

[a] Précéd.
[b] Pr. 6. Cor.
[c] 7.12. Euc.

Propoſition 11.

Le produit de la liqueur A C B par les deux tiers de la ligne A C pourra exprimer le mouvement de la liqueur A C B qui paſſe ſur A B D par des lignes paralleles à A C.

Démonſtr. Le produit de la liqueur A B E C par le tiers de A C exprimera le mouvement de la liqueur A C B [d]. Mais le produit de la liqueur A C B par les deux tiers de la ligne A C , eſt égal au produit de la liqueur A B E C par le tiers de la ligne A C [a] ; donc le produit de la liqueur A B C par les deux tiers de la ligne A C exprimera le mouvement de la liqueur A C B. Ce qu'il &c.

[d] Précéd.
[a] 15.6. Euc.

Propoſition 12.

Le moùvement de la liqueur A C B qui paſſe ſur A B D eſt double du mouvement de la même liqueur qui ſort du triangle ABC par des lignes paralleles à A C.

Démonſtr. Le mouvement de chaque partie FG qui ſort du triangle ACB, eſt égal au mouvement de la même partie FG qui entre ſur GH du triangle ABD ; donc le mouvement de toute la liqueur qui ſort du triangle ACB, eſt égal au mouvement de toute la liqueur qui entre ſur le triangle A D B : donc le mouvement de la liqueur ACB qui ſort du triangle ACB, & qui entre ſur le triangle ADB, ou ce qui eſt le même, qui paſſe de l'un à l'autre, eſt double du mouvement de la liqueur ACB qui ſort du triangle ACB, Ce qu'il &c.

Propoſition 13.

Si la liqueur ACB ſort du triangle A CB par des lignes paralleles à AC, ſon mouvement pourra être exprimé par le produit de la même liqueur, & du tiers de la ligne AC.

Démonſtr. Le produit de la liqueur ACB par les deux tiers de AC exprime le mouvement de la même liqueur qui paſſe du triangle ACB ſur le triangle ADB [b] : donc le produit de la liqueur A C B par le tiers de la ligne AC exprimera le mouvement de la même liqueur qui ſort du triangle ACB par des lignes paralleles à AC [c]. Ce qu'il &c.

[b]
Prop. 11.

[c]
Précéd.

Propoſition 14.

Figure 11.   Soit quelque poligone A qui ſe meut dans une liqueur par une ligne A B qui eſt droite ſur ſon plan : la maſſe de la liqueur qu'il déplace, eſt le produit du même poligone, par la même ligne A B.

Démonſtr. La maſſe que le poligone A déplace en parcourant la ligne A B, n'eſt rien autre choſe que le priſme A B qui a le même poligone A pour baſe, & la ligne A B pour hauteur : donc [a] elle eſt égale au produit du poligone A par la ligne A B, Ce qu'il &c.

[a]
8. Géom.

Corollaire.

Deux Poligones égaux déplaceront une même maſſe de liqueur, s'ils ſe meuvent par une même ligne perpendiculaire ſur leur plan.

Propoſition 15.

La maſſe déplacée peut toûjours être exprimée par le poligone qui la déplace.

Démonſtr. Puiſque la ligne que le poligone parcourt dans la liqueur peut être priſe pour l'unité, le produit du poligone par la ligne qu'il parcourt, ſera le poligone lui-même : donc le poligone lui-même peut exprimer la maſſe de la liqueur qu'il déplace, Ce qu'il &c.

Propoſition

Propoſition. 16.

Les mêmes choſes étant ſuppoſées, le mouvement de la liqueur ^{Figure 12.}
déplacée par le poligone, eſt égal au produit de cette même liqueur,
par les deux tiers du rayon inſcrit dans le poligone. Tirons les rayons
A C, & les ſécantes A D.

Démonſtr. Quand le poligone s'avance, il faut que la liqueur qui
eſt devant paſſe derriére [b] ; c'eſt-à-dire que la liqueur qui couvre cha- Prop. 4.
que triangle A D D devant, doit paſſer par la ligne D D & venir ſur
le triangle A D D derriére : donc toute la liqueur déplacée paſſe d'un
triangle à l'autre ; donc [c] le mouvement de la liqueur déplacée eſt le Prop. 12.
produit de la même liqueur par les deux tiers de la ligne A C, ou du
rayon d'un cercle inſcrit dans le poligone, Ce qu'il &c.

Corollaire.

La peine que trouve un poligone à fendre le milieu, eſt égale au
produit de la liqueur déplacée, par les deux tiers du rayon d'un cercle
qui lui eſt inſcrit.

Propoſition 17.

Si deux poligones égaux & diſſemblables ſe meuvent dans une li- ^{Figure 11.}
queur par une même ligne perpendiculaire A B : les peines qu'ils
trouvent à fendre le milieu, ou [a] les mouvemens qu'ils communi- Pr. 4. Cor.
quent aux parties de la liqueur, ſont entr'eux comme les rayons des
cercles qui leur ſont inſcrits.

Démonſtr. Les deux poligones égaux parcourant la même ligne
A B déplaceront une même quantité de liqueur [d], donc les produits des Pr. 14. Cor.
liqueurs déplacées, par les deux tiers des rayons, ſont entr'eux comme
les rayons ; donc [a] les mouvemens que les poligones communiquent Précéd.
aux parties de la liqueur ſont auſſi entr'eux comme les mêmes rayons,
Ce qu'il &c.

Corollaire.

Le cercle trouve plus de peine à fendre le milieu par ſon plat, que
tous les autres poligones égaux ; & le triangle en trouve moins. De-
mêmc, de tous les triangles égaux, celui qui eſt équilateral trouve plus
de peine à fendre le milieu par ſon plat, & celui qui eſt plus éloigné
de l'équilateral en trouve moins.

Propoſition 18.

Si le poligone A parcourt dans une liqueur la ligne A B inclinée ^{Figure 13.}
ſur ſon plan, la maſſe de la liqueur déplacée ſera au produit du poligo-

B iij ne

ne par la ligne A B , comme le sinus de l'inclination au sinus total.
Tirons B C perpendiculaire sur le plan du poligone.

Démonstr. La liqueur déplacée par le poligone, est le prisme
oblique A B ; mais le prisme oblique A B est au produit du poligone par A B, comme sa hauteur B C est à la ligne A B, ou comme le sinus de l'inclination B A C au sinus total : donc la masse de
la liqueur déplacée par le poligone, est au produit du poligone par
A B, comme le sinus de l'inclination B A C au sinus total , Ce
qu'il &c.

Proposition 19.

Quand un Poligone se meut obliquement dans une liqueur, le
mouvement qu'il communique aux parties de la liqueur , ou la peine
qu'il trouve à fendre *le milieu*, est égal au produit de la liqueur déplacée, par les deux tiers du rayon d'un cercle qui lui est inscrit.

La Démonstration est la même que celle de la proposition 16.

Proposition 20.

La peine que trouve un poligone qui se meut dans une liqueur par
une ligne perpendiculaire à son plan, est à celle qu'il trouve quand
il se meut obliquement, comme le sinus total , est au sinus de l'o-
bliquité.

Démonstr. Puisque dans l'un & dans l'autre cas, la peine du poligone est égale au produit de la masse déplacée ; & des deux tiers du
rayon d'un cercle inscrit dans le poligone : [a] les peines seront comme
les masses déplacées ; donc [b] elles seront comme le sinus total au sinus
de l'obliquité , Ce qu'il &c.

a
Précéd.
b
Prop. 18.

Proposition 21.

Soit le quarré-long A , la moitié d'un de ses côtez A B , & la moitié de l'autre A F. Prenons E B égale à A F , & tirons E D parallele
à A F ; tirons encore E C. Si le quarré-long fend quelque milieu par
son plat, la liqueur qui couvre le triangle B C E devant, passera sur
le triangle BCE qui lui répond derrière, par des lignes paralleles à E B.

Démonstr. Toute la liqueur B E C étant également poussée de
tous les côtez, excepté le côté de la base B C, elle s'y rendra par des
lignes paralleles à la plus courte de celles qu'on peut tirer du sommet
E à la base B C, [b] sçavoir E B. La même liqueur entrera sur le triangle B E C de derrière par des lignes paralleles à B E [c] : donc la liqueur
B E C passera du devant à l'arrière par des lignes paralleles à B E. Ce
qu'il &c.

Figur. 14.

b.
Prop. 7.
c
Prop. 8.

· *Proposition*

Propoſition 22.

On prouvera de-même que la liqueur qui couvre le trapeze EAFC
paſſera du devant à l'arriére par des lignes paralleles à A F.

Corollaire.

La vîteſſe de la liqueur B E D C , ſera égale aux deux tiers de la
ligne E B [d] , égale à E D , ou à A F , & la vîteſſe de la liqueur AEDF
ſera égale à la ligne A F [a].

[d]
Prop. 22.
[a]
Prop. 6.

Propoſition 23.

Le mouvement de la liqueur A B C F , déplacée par le quarré-
long , ſera égal au produit de la même liqueur par les deux tiers de
A F , & au produit de la liqueur A D F par les deux tiers de A F.

Démonſtr. Le mouvement de la liqueur E B C D eſt égal au produit de la liqueur E B C D par les deux tiers de F A [b] , & le mouvement de la liqueur A E D F eſt égal au produit de la même liqueur
par la ligne A F ; mais ce dernier produit, vaut le produit de la liqueur A E D F par les deux tiers de A F , & le produit de ſa moitié
A D F par les deux tiers de A F ; donc le mouvement de toute la liqueur A B C F eſt égal au produit de la liqueur A B C F , & de la liqueur A D F par les deux tiers de A F. Ce qu'il &c.

[b]
Cor. Préc.

Corollaire.

La peine que trouve le quarré-long à fendre le milieu, peut être exprimée par le produit de la liqueur A B C F , & de la liqueur A D F ,
multipliées par les deux tiers de F A : ou la peine que trouve le quarré-long à fendre le milieu ſera égale au produit de la liqueur déplacée,
par les deux tiers de F A , avec un autre produit qui ſera au premier,
comme A D F à A B C F , ou comme F D à deux fois F C.

Propoſition 24.

Si le quarré H eſt égal au quarré-long A , la peine qu'il trouve à
fendre le milieu eſt égale à la liqueur déplacée par le quarré-long ,
multipliée par les deux tiers de la moitié de ſon côté L B.

Démonſtr. Puiſque le quarré H eſt égal au quarré-long , ils déplaceront une même maſſe de liqueur [a] : donc la liqueur déplacée par
le quarré-long , étant multipliée par les deux tiers , de la moitié du côté L B du quarré H ; ou ce qui eſt le même par les deux tiers du rayon
du cercle inſcrit dans le quarré H , donnera un produit égal à la peine [b] que le quarré trouve à fendre le milieu. Ce qu'il &c.

[a]
Pr.14.Cor

[b]
Prop. 16.

Propoſition

Propoſition 25.

Si B L eſt la moitié du côté du quarré H, elle ſera moyenne entre
A B & B E [a] : & A L ſera plus de la moitié de A E.

Démonſtr. Puiſque A B : B L :: B L : B E en diviſant A B : A L ::
B L : E L ; donc A L eſt plus grande que E L , comme A B eſt
plus grande que B L ; donc A L eſt plus de la moitié de A E. Ce
qu'il &c.

Propoſition 26.

La même choſe étant ſuppoſée A B plus A L aura une moindre
raiſon à A B, que B L à B E.

Démonſtr. Puiſque A B : B L :: B L : B E en compoſant , A B plus
A L : A B :: B L plus E L : B L , ou : B E plus E L : mais B L plus E L
a une moindre raiſon à B E plus E L , que B L à B E , parce que B L
eſt plus grande que B E : donc A B plus A L aura une moindre raiſon
à A B, que B L à B E. Ce qu'il &c.

Propoſition 27.

La même choſe étant ſuppoſée, la liqueur A B C F plus A D F a
une moindre raiſon à la liqueur ABCF, que B L à B E.

Démonſtr. La liqueur ABCF plus ADF eſt à la liqueur ABCF,
comme AB plus la moitié de DF, ou de AE à AB [b] ; donc la liqueur
ABCF plus ADF a une moindre raiſon à ABCF, que A B plus A L à
AB : puiſque A L eſt plus grande que la moitié de A E [c] : mais A B
plus AL eſt moins à AB, que BL à BE, [c] donc la liqueur ABCF plus
ADF eſt moins à la liqueur ABCF , que BL à BE. Ce qu'il &c.

Propoſition 28.

La peine que le quarré-long A trouve à fendre le milieu, eſt moindre que celle du quarré H qui lui eſt égal.

Démonſtr. Puiſque la liqueur ABCF plus ADF eſt moins à la liqueur ABCF, que B L à BE [d] , ou que BL à AF : le produit de la liqueur ABCF plus ADF par les deux tiers de AF , eſt moindre que le
produit de la liqueur ABCF par les deux tiers de BL [a] : mais le premier
produit eſt égal à la peine du quarré-long [b] , & le ſecond eſt égal à la
peine du quarré ; [c] donc la peine du quarré-long eſt moindre que la
pëine du quarré. Ce qu'il &c.

§. IV.

§. IV.

Application des mêmes principes à la voile, & au gouvernail du Vaiſſeau.

Propoſition 29.

S I le globe A qui eſt immediatement appliqué au globe B eſt Figure 15. pouſſé par la direction A B, la force qu'il a ſur le globe B, ou *le mouvement qu'il lui peut communiquer*, eſt egal à celui qu'il a lui-même, en ſuppoſant que les deux globes ſont parfaitement durs.

Démonſtr. Puiſque le globe A ne peut pas ſe mouvoir ſans communiquer au globe B tout le mouvement néceſſaire pour le mouvoir; ſi on fait croître la réſiſtance du globe B, le globe A lui communiquera toûjours plus de mouvement, juſques à ce que le globe B devienne un obſtacle inſurmontable, ou juſques à ce que le globe A lui ait communiqué tout ſon mouvement. Ce qu'il &c.

Propoſition 30.

Si le corps A qui pouſſe le globe B eſt liquide, & qu'il puiſſe Figur. 15. paſſer à l'entour du globe B en ſe diviſant; la force du corps A ſur le globe B, ou le mouvement qu'il peut lui communiquer, eſt egal à celui qui eſt néceſſaire au corps A, pour ſe diviſer, & paſſer à l'entour du globe B.

Démonſtr. Le globe B reçoit autant de mouvement du corps A, qu'il en communiqueroit au corps A, s'il étoit pouſſé contre lui avec la même vîteſſe que le corps A eſt pouſſé contre le globe B [a] : mais alors Def. 8. [a] le globe B communiqueroit au corps A autant de mouvement, qu'il en faudroit pour le fendre, & le faire paſſer à l'entour du globe B [b], donc Prop. 3. [b] le corps A communiqueroit au globe B autant de mouvement qu'il lui en faudroit pour ſe fendre, & pour paſſer à l'entour du globe B. Ce qu'il &c.

Propoſition 31.

La force du vent ſur la voile eſt egale à la peine que la voile trouveroit à paſſer au travers de l'air, avec une vîteſſe egale à celle du vent.

Démonſtr. La force du vent ſur la voile eſt egale au mouvement qu'il faut à l'air pour paſſer d'un côté de la voile à l'autre [c] : mais la Précéd. [c] peine que trouve la voile à paſſer au travers de l'air avec la même vîteſſe que le vent, eſt auſſi egale au mouvement qu'il faut à l'air pour paſſer d'un côté de la voile à l'autre [d] : donc en ſuppoſant les vîteſſes Prop. 3. [d] egales, la force du vent ſur la voile eſt egale au mouvement qu'il faudroit à la voile pour traverſer l'air avec une vîteſſe egale à celle du vent. Ce qu'il &c.

C   *Remarque*

Remarque.

Pour rendre la choſe plus ſenſible ; il faut conſiderer que quand le vent pouſſe la voile ; il arrive la même choſe, que ſi l'air demeurant en repos, l'eau portoit le Vaiſſeau contre le lit du vent avec une vîteſſe égale à celle du vent. Mais alors ſi tout ce qui ſert de voile dans le Vaiſſeau n'avoit nulle peine à fendre l'air, le Vaiſſeau ſeroit emporté avec l'eau, ſans nullement aller contre l'eau ; ſi au contraire la voile trouvoit de la peine à fendre l'air, le Vaiſſeau n'iroit pas ſi vîte que l'eau, ou iroit contre l'eau ; donc toute la force du vent contre la voile pour pouſſer le Vaiſſeau, vient de la peine que la voile trouve à fendre l'air comme nous l'avons démontré.

Propoſition 32.

Figur. 16. Si la voile A B eſt perpendiculaire au lit du vent E F, & que la voile C D égale, ſoit oblique : la force du vent ſur la voile A B, eſt à la force du vent ſur la voile C D, comme le ſinus total, au ſinus de l'obliquité de la voile CD. Faiſons que les deux voiles ſe meuvent contre l'air avec les vîteſſes F I, F L, égales à celle du vent qui les pouſſe.

Démonſtr. Puiſque les voiles ſont égales, la peine qu'elles trouvent à fendre l'air, étant exprimée par les priſmes A I B, C L D, multipliez par les deux tiers du rayon d'un cercle inſcrit dans chacune [a] : leurs peines ſeront comme les priſmes A I B, C L D ; ou comme les lignes F I, L F [b], ou comme le ſinus total au ſinus de l'obliquité L I F. Mais la peine qu'elles trouvent à fendre l'air eſt égale à la force du vent ſur chacune [c] : donc la force du vent ſur la voile A B ſera à la force du vent ſur la voile C D, comme le ſinus total au ſinus de l'obliquité L I F. Ce qu'il &c.

a
Pr.16.Cor.
b
1. 6. Euc.

c
Précéd.

Remarque.

Figure 17. On fait ici un paralogiſme, quand pour prouver que la force du vent ſur la voile A B, eſt à la force du vent ſur la voile C D, comme le quarré du ſinus total C F, au quarré du ſinus L F de l'obliquité de la voile C D : on dit, *que la voile A B eſt frappée par la quantité du vent A E B, qui eſt à la quantité du vent C H D qui frappe la voile C D ; comme C F, à F L, & que d'ailleurs la vîteſſe avec laquelle le vent frappe la voile A B, eſt à la vîteſſe avec laquelle il frappe la voile C D, comme C F, à F L ;* d'où on conclut *que la force du vent ſur la voile A B, eſt à la force du vent ſur la voile C D comme le quarré de C F, au quarré de F L.* Je répons que ſi la voile A B eſt pouſſée par la quantité du vent A E B, tandis que la voile C D n'eſt pouſſée que par la quantité C H D, il faut que le vent pouſſe l'une & l'autre voile par une direction parallele à F E ; &
parconſéquent

parconséquent avec la même vîtesse : mais si on veut que le vent pousse la voile C D par la direction G C, alors la quantité GCDG du vent qui pousse la voile CD, sera égale à la quantité E B A E qui pousse la voile AB : & qu'on ne dise pas qu'une moindre quantité de vent frappe la voile C D en un temps égal, quoi qu'elle soit frappée en même temps par une égale quantité de vent, parce que les mêmes parties demeurent plus long-temps sur la voile C D : car je répondrai que la voile C D n'est pas plus poussée, si elle est poussée successivement par deux parties égales, durant un temps ; que si elle est poussée par la même partie durant tout ce même temps.

Corollaire.

Si on applique aux voiles, & au gouvernail ce que nous avons dit des surfaces qui fendent un milieu, on déterminera sans peine leur force, par rapport au vent & à l'eau qui les frappent, & on découvrira plusieurs erreurs, où ont donné ceux qui ont traité de ces matiéres.

§. V.

De la peine que trouvent les surfaces qui ne sont pas Planes à fendre le milieu.

Lemme.

Soient les grandeurs A, B, C, D, E dont chacune soit plus grande que celle qui la précéde. Si on en diminuë quelqu'une comme B, & qu'on en augmente quelqu'autre suivante D également, la somme des grandeurs sera la même : mais je dis que la somme de leurs quarrez sera plus grande. Supposons qu'on ôte à la grandeur B, quelque grandeur que nous appellerons d, & qu'on l'ajoûte à la grandeur D.

Démonstr. Puisqu'on ôte la grandeur d à la grandeur B, on ôte à son quarré, le quarré de la grandeur d, & deux rectangles qui ont d pour base, & B pour hauteur ; & en ajoûtant la grandeur d à la grandeur D, on ajoûte au quarré D, le quarré de la grandeur d & deux rectangles qui ont d pour base, & D pour hauteur ; mais la grandeur D est plus grande que la grandeur B, donc on ajoûte plus au quarré D, qu'on n'ôte au quarré B, donc la somme des quarrez devient plus grande. Ce qu'il &c.

Corollaire 1.

Si on suppose que le triangle rectiligne G H L, est égal au triangle mixte G I M L, la somme des quarrez des lignes parallentes à GL ^{Figure 18.}

C ij   qui

qui forment le triangle rectiligne , sera plus grande , que la somme des quarrez des lignes paralleles à G L , qui forment le triangle mixte.

Corollaire 2.

La liqueur qui couvre le triangle rectiligne GHL , a plus de peine à passer sur le triangle GHR qui lui est égal en tout sens , que n'en a la liqueur du triangle mixte GIML à passer sur le triangle égal en tout sens GINR ; parce que la somme des quarrez des lignes paralleles à GL qui composent le triangle rectiligne , peut exprimer la peine de sa liqueur [d] ; comme la somme des quarrez des lignes paralleles à G L qui composent le triangle mixte , exprime la peine de sa liqueur [d].

[d] Prop. 9.

Proposition 33.

[a] 6.Géom. prat.
[b] Préc. Cor.

Soit ABC la moitié de la surface d'un globe ; les triangles sphériques A BE qui la composent sont égaux à une infinité de triangles rectilignes dont les bases AE sont les mêmes que celles des triangles sphériques , & dont les hauteurs sont égales au diametre du globe [a] ; & parconséquent [b] , la liqueur qui couvre les triangles sphériques ABE , d'un côté de la surface , aura moins de peine à passer sur les triangles sphériques qui leur répondent de l'autre côté ; que n'en auroit la même liqueur , si les triangles étoient rectilignes , & qu'ils eussent le diametre du globe pour leur hauteur.

Figur. 18.

Corollaire.

[d] Prop. 11.

La vîtesse de la liqueur qui passe d'un côté de la surface à l'autre , est un peu moindre que les deux tiers du diametre du globe [d].

Proposition 34.

Figur. 19.

Si la surface sphérique ABC se meut par une ligne BED , la liqueur ABCD qu'elle déplace , est égale à la liqueur AECF , que déplaceroit la base AEC , si elle parcouroit la ligne EF égale à BD.

Démonstr. Puisque les deux masses BE , & DF sont égales , si on leur ajoûte la masse ED , elles feront les masses ABCD , AECF égales. Ce qu'il &c.

Proposition 35.

[b] Précéd.

La même chose étant supposée , la peine que la surface sphérique trouve à fendre le milieu , est un peu moins à la peine que la base plane trouve à le fendre , que le diametre du globe à la ligne AE.

Démonstr. Puisque les deux surfaces déplacent une égale masse de liqueur [b] : leurs peines seront comme les lignes qui expriment

leurs

leurs vîteſſes, ou ᶜ un peu moins que le diamétre du globe à la li- Pr.33.Cor.
gne A E. Ce qu'il &c.

Corollaire.

On pourra appliquer tout ceci aux voiles concaves pour les comparer aux planes, & en tirer des idées plus exactes que celles qu'on
en a d'ordinaire.

§. VI.

*De la peine que les priſmes trouvent à fendre le milieu par une
ligne parallele à leur axe.*

Propoſition 36.

SOit le priſme A B qui ſe meut dans une liqueur par une ligne Figure 10.
parallele à ſon axe A B; la liqueur qu'il déplace eſt égale à un
priſme qui a la baſe B pour baſe, & la ligne B F qu'il parcourt,
pour axe.

Démonſtr. La liqueur que le priſme déplace en parcourant la ligne B F, n'eſt rien autre choſe que le priſme B F; donc elle eſt égale à un priſme qui a la baſe B pour ſa baſe, & la ligne B F qu'il
parcourt, pour ſon axe. Ce qu'il &c.

Propoſition 37.

Les mêmes choſes étant ſuppoſées, la vîteſſe de la liqueur déplacée par le priſme, eſt égale à l'axe du priſme, & aux deux tiers du
rayon d'un cercle inſcrit dans ſa baſe.

Démonſtr. Afin que la liqueur qui couvre le triangle B D D, paſſe
ſur le triangle A C C qui lui répond derriére, il faut 1. Qu'elle paſſe
d'un triangle à l'autre: 2. Qu'elle parcoure le parallelogramme
D D C C par des lignes paralleles, & égales à l'axe A B; donc ſa vîteſſe ſera 1. Les deux tiers du rayon d'un cercle inſcrit dans la baſe
B ᵃ : 2. L'axe A B ᵇ. Ce qu'il &c.

a
Prop. 15.
b
Pr.6. Cor.

Corollaire.

Si on multiplie la liqueur que le priſme déplace, par la longueur de
ſon axe, & par les deux tiers du rayon d'un cercle inſcrit dans ſa baſe; on aura la peine que le priſme trouve à fendre le milieu. Ainſi
quand pluſieurs priſmes diſſemblables, mais égaux, & qui ont un
même axe également incliné ſur leur baſe, ſe meuvent dans une liqueur; celui qui a un cercle pour ſa baſe a plus de peine à fendre le
milieu que tous les autres ᶜ, & le triangulaire en a moins. De mê- Pr.17.Cor
me parmi les triangulaires l'équilateral, & ceux qui en approchent

plus, ont plus de peine à fendre le milieu que tous les autres.

Propoſition 38.

Figure 21.   Soient les deux priſmes égaux A B, C D, dont les baſes ſont ſem-blables : ſi l'axe du priſme A B eſt plus long, que celui du priſme C D, & qu'ils ſoient l'un & l'autre également inclinez ſur leur baſe : Je dis que le priſme A B trouvera moins de peine à fendre le milieu, que le priſme C D. Faiſons parcourir la ligne B E au priſme A B, & au priſme C D la ligne D F égale à B E.

Démonſtr. Puiſque les priſmes A B, C D ſont égaux, leurs axes, & leurs baſes ſont en raiſon reciproque ; donc les liqueurs déplacées

d
Prop. 14.
B E, D F, ſont en raiſon reciproque des axes A B, C D [d]. Donc le produit de la liqueur D F par l'axe C D, ſera égal au produit de la liqueur B E par l'axe A B ; mais le rayon du cercle inſcrit dans la baſe A eſt moindre que le rayon du cercle inſcrit dans la baſe C, puiſque la baſe A eſt moindre & ſemblable : donc le produit de la liqueur B E par l'axe A B, & par les deux tiers du rayon d'un cercle inſcrit dans la baſe A, ſera moindre que le produit de la liqueur D F par l'axe C D, & par les deux tiers du rayon d'un cercle inſcrit dans

a
Cor. Préc.
la baſe C : donc [a] la peine du priſme A B eſt moindre que la peine du priſme C D. Ce qu'il &c.

Propoſition 39.

Figure 22.   Si deux priſmes A B, C D ſont ſemblables, les peines qu'ils trou-vent à fendre le milieu, ſont comme leurs maſſes. Suppoſons qu'ils parcourent les lignes B E, D F égales à A B ; & que le priſme C D n'eſt que la huitiéme partie du priſme A B : Je dis que la peine du priſme A B ſera à celle du priſme C D, comme 8. à 1.

Démonſtr. Puiſque la baſe D n'eſt que le quart de la baſe B, la liqueur déplacée D F ne ſera que le quart de la liqueur B E ; mais

a
32.11.Euc.
d'ailleurs [a] les côtez homologues du priſme A B, qui font la vîteſſe de la liqueur qu'il déplace, ſont doubles des côtez homologues du priſme C D, qui font la vîteſſe de la liqueur D F. Donc le produit de la liqueur B E par ſa vîteſſe, ou la peine du priſme A B, ſera au produit de la liqueur D F par ſa vîteſſe, ou à la peine du priſme C D, comme 8. à 1. Ce qu'il &c.

Corollaire.

Si deux boulets de même matiére tombent de même hauteur, l'air ne retardera pas plus l'un que l'autre, quoi qu'ils ſoient inégaux.

§. VII.

§. VII.

*De la peine que trouvent les priſmes à fendre le milieu par une
ligne perpendiculaire à leur axe.*

Propoſition 40.

SOit le priſme triangulaire A B, qui ſe meut dans une liqueur Figure 23.
par la ligne C D perpendiculaire ſur la ligne A B qu'on ſuppoſe parallele à ſon axe. Je dis que la maſſe de la liqueur déplacée,
eſt égale à un priſme qui a le parallelogramme H G H pour ſa baſe,
& la ligne C D pour ſon axe, en ſuppoſant que le point C eſt le
centre du parallelogramme H G H.

Démonſtr. Puiſque tous les points du parallelogramme H G H
décrivent une ligne égale, & parallele à C D, & dans des plans
differens ; le parallelogramme décrit un priſme dont il eſt la baſe,
& dont C D eſt l'axe ; mais le priſme que le parallelogramme décrit,
eſt égal à la liqueur qu'il déplace : donc la liqueur que le priſme déplace eſt ègale à un priſme qui a le parallelogramme H G H pour
baſe, & C D pour axe. Ce qu'il &c.

Corollaire.

Pour avoir la liqueur déplacée ; il faut multiplier le parallelogramme H G H par la ligne C D, ſi elle lui eſt perpendiculaire ; ou par
une ligne qui ſoit à la ligne C D, comme le ſinus de l'inclination de
la ligne C D ſur le parallelogramme, eſt au ſinus total.

Propoſition 41.

La vîteſſe de la liqueur déplacée par le priſme A B, vient de ce
qu'elle doit paſſer de la face G H, aux faces G E.

Démonſtr. Quand le priſme s'avance vers D, il laiſſe le long des
faces G E deux vuides égaux à l'eſpace qu'il gagne devant, le long de
la face G H : donc il faut que la liqueur déplacée par la face G H,
paſſe aux faces G E. Ce qu'il &c.

Propoſition 42.

Ayant ſuppoſé les mêmes choſes que dans les deux précédentes :
tirons C N O paralleles aux lignes A H E. Je dis que ſi les lignes
C A E O ſont égales aux lignes C N O ; la liqueur C A H paſſera
ſur le triangle H E O qui lui répond par des lignes paralleles aux lignes C A E O. Tirons C H, & de quelqu'un de ſes points I, tirons I K L M paralleles aux lignes C A E O : puis prenant C R,
& O V infiniment petites, tirons R H, & V H qui couperont les
lignes

lignes IK , LM aux points P & S : enfin tirons RTV & ITM paralleles aux lignes CNO.

Démonſtr. Puiſque les lignes CAEO ſont égales aux lignes CNO, ou RTV ; les lignes RAEO ſeront moindres que RTV, donc le point R ſe rendra ſur le point V qui lui répond, plûtôt par RAEO que par RTV. Mais le point R ne peut ſe rendre ſur le point V, que par l'une de ces deux voyes [a] ; donc le point R ſe rendra ſur le point V par les lignes RAEO. On prouvera de-même, que le point P ſe rendra ſur le point S par les paralleles PKLS ; donc toute la liqueur RAH, ou CAH , puiſque CR eſt infiniment petite , ſe rendra ſur le triangle HEO , par des lignes paralleles aux lignes CAEO. Ce qu'il &c.

Pr.6. & 7. Cor.

Corollaire.

La vîteſſe de la liqueur déplacée ſera moindre , que ſi elle paſſoit toute par des lignes paralleles aux lignes CNO.

Propoſition 43.

On démontrera de même que la liqueur CHN paſſera ſur le triangle NHO par des lignes paralleles à CNO.

Propoſition 44.

La vîteſſe de la liqueur CHA ſera égale aux deux tiers des lignes CAE.

Démonſtr. Puiſque la liqueur CHA paſſe ſur HOE par des paralleles aux lignes CAEO, ſa vîteſſe ſera le tiers de CA , les deux tiers de AE, & le tiers de EO égale à CA [a] ; donc ſa vîteſſe ſera égale aux deux tiers de CAE. Ce qu'l &c.

Prop. 13.

Propoſition 45.

La peine du priſme ſera moindre, que ſi toute la liqueur paſſoit par des lignes paralleles à CNO ; & la différence ſera le produit de la liqueur entiére par une ſixiéme des lignes CNO, moins le produit de la liqueur CAH par le tiers de AE. Diviſons également AE au point Z.

Démonſtr. La peine de la liqueur CHN eſt égale à ſon produit par le tiers de CNO [a], & la peine de la liqueur CAH eſt égale à ſon produit par les deux tiers de CAE, ou par le tiers de CNO, & le tiers de AE ; Car les deux tiers de CAZ valent le tiers de CNO, & les deux tiers de ZE valent le tiers de AE ; donc la peine de la liqueur déplacée eſt , égale au produit de la liqueur entiére par le tiers de CNO, plus le produit de CAH par le tiers de AE : mais ſi la

liqueur

liqueur paſſoit toute par des lignes paralleles à CNO, ſa peine ſeroit ſon produit par la moitié de CNO, ou par le tiers, & la ſixiéme de CNO ; donc la difference ſera le produit de toute la liqueur par la ſixiéme de CNO, moins le produit de la liqueur CAH par le tiers de AE. Ce qu'il &c.

Corollaire.

Si on augmente la liqueur CAH, & qu'on diminuë la liqueur CNH, on diminuë la vîteſſe de la liqueur déplacée : tout le reſte demeurant le même.

Propoſition 46.

Si les lignes CAEO ſont plus grandes, que CNO ; on pourra trouver quelques lignes RAEV, auſſi grandes que CNO.

Démonſtr. Puiſque AE eſt moindre que AHE, ou CNO ; ſi on lui ajoûte AR, & EV égales à ce qui lui manque pour valoir CNO ; les lignes RAEV ſeront égales à CNO. Ce qu'il &c.

Corollaire.

La peine du priſme ne peut jamais être ſi grande, que ſi toute ſa liqueur paſſoit par des paralleles à CNO.

Propoſition 47.

Si les lignes CAEO ſont moindres que CNO, on pourra trou- Figur. 24. ver les lignes RPVS paralleles aux lignes CAEO, & égales aux lignes RNS.

Démonſtr. Puiſqu'en approchant les lignes PR, VS, de la ligne HN on diminuë à l'infini les lignes RNS, ſans diminuër les lignes PR, & VS : on pourra ſi fort les approcher que les lignes PR & VS avec PV ſeront égales aux lignes RNS. Ce qu'il &c.

Corollaire.

Alors la liqueur RHN paſſera par des lignes paralleles à RNS, & le reſte par des lignes paralleles aux lignes CAEO.

Propoſition 48.

Aiant tiré VX parallele à HA ; la vîteſſe de la liqueur ACRP ſera plus grande que les lignes CAX.

Démonſtr. Puiſque le point A de la liqueur ACRP doit ſe rendre ſur le point O par la voye AEO, ſa vîteſſe ſera égale aux lignes AX, EO, ou CAX, ſans compter la vîteſſe qu'il a en traverſant le triangle XVE ; on peut dire le même de tous les autres points de la liqueur ACRP ; donc la vîteſſe de la liqueur ACRP eſt plus grande que les lignes CAX. Ce qu'il &c.

D   *Propo*

Propoſition 49.

La vîteſſe de la liqueur A C R P, en traverſant le triangle X V E, eſt égale à la moitié de XE.

Démonſtr. La vîteſſe de la ligne C A, avec la vîteſſe de la ligne P R, ne fait que la ligne XE ; il en eſt de même de toutes les autres paralleles, qui compoſent la liqueur A C R P, ſi on les prend deux à deux : donc en multipliant la liqueur A C R P par la moitié de XE, on auroit la peine qu'elle trouve à traverſer le triangle X V E : donc la vîteſſe de la liqueur A C R P en traverſant le triangle X V E eſt égale à la moitié de X E. Ce qu'il &c.

Propoſition 50.

Si la liqueur déplacée par le priſme, paſſoit toute par des lignes pa-ralleles à C A E O, ſa vîteſſe ſeroit égale à la moitié des lignes CAEO.

Démonſtr. La vîteſſe de la liqueur ſeroit égale à la ligne C A, ou à la moitié des lignes A C, E O, ſans compter la vîteſſe qu'elle au-roit en traverſant le triangle A H E, qui fait la moitié de A E ^{a} : donc la vîteſſe de la liqueur déplacée ſeroit égale à la moitié des lignes C A E O. Ce qu'il &c.

Propoſition 51.

La vîteſſe de la liqueur P R N H ſera moindre que ſi elle paſſoit toute par des lignes paralleles aux lignes R N S, & la difference ſera ſon produit par la ſixiéme partie des lignes R N S, moins le produit de la liqueur P R H par le tiers de P V.

La démonſtration eſt la même que celle de la propoſition 45.

Propoſition 52.

Si le priſme A B n'eſt pas triangulaire ; mettons-le entre les plans H Q parallelles à l'axe du priſme, & à la direction C D ; & nous trouverons que la liqueur déplacée eſt égale à un priſme, qui a pour baſe le plan H G G H du priſme, & pour axe, une ligne égale à CD.

Démonſtr. Le plan H G G H occupant l'eſpace qui eſt entre les plans Q H, déplacera autant de liqueur que le priſme ; donc la liqueur déplacée ſera égale au priſme que le plan H G G H produira par ſon mouvement ; donc elle ſera égale à un priſme, qui aura le plan H G G H pour baſe, & une ligne égale & parallele à C D pour axe. Ce qu'il &c.

Remarque.

On trouvera la maſſe de la liqueur déplacée, & ſa vîteſſe comme pour le priſme triangulaire dans le corollaire de la propoſition 40. & dans les propoſitions ſuivantes.

Propoſition

Quand un priſme ſe meut par une ligne perpendiculaire à ſon ^{Figur. 24.} axe ; la peine qu'il trouve à fendre le milieu n'eſt jamais ſi grande ^{25. 26.} que la liqueur qu'il déplace, multipliée par le quart de ſon contour.

Démonſtr. La peine du priſme n'eſt jamais ſi grande que la liqueur qu'il déplace, multipliée par la moitié des lignes C N O [a]. Mais ^a _{Pr. 46. Cor} la moitié des lignes C N O, fait le quart de ſon contour, donc la peine du priſme n'eſt jamais ſi grande que la liqueur qu'il déplace, multipliée par le quart de ſon contour.   Ce qu'il &c.

Propoſition 54.

La vîteſſe de la liqueur déplacée n'eſt jamais ſi petite que celle qu'elle auroit en traverſant la baſe H E H du priſme par des lignes paralleles à A E.

Démonſtr. Nul point C ne peut ſe rendre ſur le point O qui lui répond, par une voye ſi courte que par la ligne droite C O égale à A E. De-même le point I ne peut pas ſe rendre ſur le point M, par une voye ſi courte que la droite I M égale à K L ; donc toute la liqueur déplacée ne peut pas avoir une vîteſſe auſſi petite, que ſi elle traverſoit la baſe du priſme par des lignes paralleles à A E.   Ce qu'il &c.

Propoſition 55.

Tout le reſte demeurant égal , ſi on diminuë la hauteur d'un priſme, on diminuë la vîteſſe de la liqueur qu'il déplace.

Démonſtr. En diminuant la hauteur du priſme , on fait qu'une plus grande partie de la liqueur déplacée paſſe par des lignes paralleles aux lignes C A E O : donc [d] on diminuë la vîteſſe de la liqueur dé- ^d _{Pr. 45. Cor} placée.   Ce qu'il &c.

Propoſition 56.

Si on ôte à un cube toute ſa hauteur , il aura autant de pei- ^{Figur. 25.} ne à fendre le milieu par une perpendiculaire à ſon plan diagonal A E , que par une perpendiculaire à ſon côté H A.

Démonſtr. Les maſſes déplacées ſeront comme A E à A H [c] & ^c _{1. 6. Euc.} la vîteſſe de la maſſe déplacée par A E ſera la moitié de A E [a] , & ^a _{Prop. 50.} celle de la maſſe déplacée par A H ſera égale à A H [b]. Mais A E : ^b A H :: A H : la moitié de A E [d] ; donc le produit de la maſſe A E par _{Prop. 17.} ſa vîteſſe , ſera égal au produit de la maſſe A H par ſa vîteſſe : donc ^d _{8. 6. Euc.} la peine du cube ſans hauteur ſera la même , ſoit qu'il fende le milieu par une perpendiculaire à ſon plan diagonal A E , ou par une perpendiculaire à ſon côté A H.   Ce qu'il &c.

D ij   *Corollaire.*

Corollaire.

Le cube a plus de peine à fendre le milieu par une ligne perpendiculaire à son plan diagonal, que par une ligne perpendiculaire à sa face.

Proposition 57.

Si plusieurs prismes égaux, & droits ont la même hauteur : & que le triangulaire ait la moitié de son contour, égale à son axe, & à la diagonale de sa base : les autres auront la moitié de leur contour, moindre que la diagonale de leur base, avec leur axe.

Démonstr. Puisque les bases des prismes, sont égales ; il y aura plus de différence entre la diagonale de la triangulaire, & la moitié de son contour, qu'entre la diagonale des autres, & la moitié de leur contour : [a] donc si en ajoûtant à la diagonale du prisme triangulaire, son axe ; on fait la moitié de son contour ; en ajoûtant des axes égaux dans les autres prismes, à la diagonale de leur base, on fera plus que la moitié de leur contour. Ce qu'il &c.

a
Géom.

Proposition 58.

Les mêmes choses étant supposées ; si chaque prisme se meut par une ligne perpendiculaire au plus grand de ses plans parallèles à son axe : le triangulaire aura plus de peine à fendre le milieu, que tous les autres, & le cylindre en aura moins.

Démonstr. Puisque le prisme triangulaire a un plus grand contour, & un plus grand plan, que tous les autres ; le produit de son plus grand plan par le quart de son contour, ou la peine qu'il trouve à fendre le milieu [b], sera plus grande que celle des autres. De-même le contour du cylindre, & le plus grand de ses plans parallèles à son axe, étant moindre que ceux des autres prismes ; sa peine sera moindre que celle des autres prismes. Ce qu'il &c.

b
Prop. 53.

Proposition 59.

Parmi les prismes triangulaires, celui qui a pour sa base un triangle équilatéral, ou moins éloigné de l'équilatéral, a moins de peine à fendre le milieu par une perpendiculaire aux plans parallèles à son axe.

La démonstration est la même.

Remarque.

On pourra appliquer les mêmes démonstrations aux prismes obliques, & supputer exactement la peine qu'ils trouvent à fendre le milieu par leurs bases, & par leurs côtez.

§. VIII.

§. VIII.

De la peine que les prifmes trouvent à fendre le milieu par des lignes inclinées fur leurs axes.

Propofition 60.

SOit le prifme A qui fe meut par la ligne BC, depuis le point C, jufques au point D. Prolongeons la ligne FC qui fait un des côtez de fa bafe, jufques à ce que l'angle DRC foit droit. Je dis que la maffe de la liqueur déplacée par la face FG du prifme fera égale à celle qu'il déplaceroit, s'il parcouroit une ligne perpendiculaire à fa face FG, & égale à la ligne RD : en fuppofant que l'angle DCG eft droit. Il faut dire le même de la face OG. Figure 27.

Démonftr. La maffe déplacée n'eft rien autre chofe que le prifme FD, dont FG eft la bafe, & dont la hauteur eft à la ligne CD, comme le finus de l'obliquité DCR au finus total, ou comme DR eft à DC ; donc la maffe déplacée eft le produit de la bafe FG par la ligne RD : mais ce même produit feroit auffi la maffe déplacée, fi le prifme fendoit le milieu, par une ligne perpendiculaire à fa face FG, & égale à DR [a] : donc la maffe de la liqueur déplacée, eft égale à celle que le prifme déplaceroit, s'il fendoit le milieu par une ligne perpendiculaire à fa face FG, & égale à DR. Ce qu'il &c. [a] Prop. 36.

Propofition 61.

Si l'angle DCG n'eft pas droit, il faudra tirer DV perpendiculaire fur CG, & faire CD à DR, comme DV à une quatriéme ligne qu'il faudra prendre à la place de DR.

Démonftr. La liqueur déplacée quand l'angle DCG eft droit, eft à la liqueur déplacée quand il n'eft pas droit, comme CD à DV, ou comme DR à la quatriéme proportionnelle que nous avons fubftituée. Ce qu'il &c.

Propofition 62.

La place que la face FG gagne en s'avançant, eft toûjours égale à celle que la face FB laiffe.

Démonftr. La place que la face FG gagne, n'eft rien autre chofe qu'un prifme dont la bafe eft le parallelogramme FD, & dont l'axe eft égal & parallele à CG ; mais la place que la face FB quitte eft auffi un prifme dont la bafe BE eft égale à la bafe FD, & dont l'axe eft égal & parallele à CG ; donc les deux prifmes étant égaux, les deux places le feront auffi. Ce qu'il &c.

D iij   *Corollaire.*

Corollaire.

La vîteſſe de la liqueur déplacée par la face F G ſe déterminera comme dans les propoſitions 45. & 46.

Propoſition 63.

Si on tire M L parallele à B C ; la liqueur déplacée par la face L X ſe rendra ſur la face O P , & la liqueur déplacée par L G ſe rendra ſur la face B M.

Démonſtr. La place que la face L X gagne étant égale à celle que la face O P ᵇ laiſſe, il faudra que la liqueur qui eſt chaſſée par la face L X ſe rende ſur O P , & parconſéquent, que le reſte de la liqueur déplacée ſe rende ſur la face B M. Ce qu'il &c.

ᵇ Précéd.

Corollaire.

La vîteſſe de la liqueur déplacée par la face L X , ſe trouvera comme dans les propoſitions 45. & 46. & la vîteſſe de la liqueur déplacée par la face L G , ſera égale aux lignes K L M paralleles aux lignes G C B. Ainſi il ſera aiſé de déterminer la peine que les priſmes trouveront dans toutes les circonſtances requiſes : ſans qu'il ſoit néceſſaire que je m'arrête à un plus grand détail.

§. I X.

De la peine que trouvent les Piramides à fendre le milieu par des lignes paralleles à leur axe.

Propoſition 64.

Figure 28.

SOit la Piramide A B qui ſe meut dans une liqueur, par une ligne égale & parallele à ſon axe A B : la maſſe de la liqueur déplacée ſera égale à un priſme qui aura la même baſe, & le même axe que la piramide. Faiſons donc que le point A vienne au point B , & le point B au point E , & la baſe D D D , ſur la baſe F F F.

Démonſtr. La liqueur déplacée vaut ce qui manque à la piramide A B pour faire le priſme A B ; & de plus elle vaut la piramide B E égale en tout ſens à A B ; donc la maſſe de la liqueur déplacée eſt égale au priſme A B , qui a même baſe, & même axe que la piramide. Ce qu'il &c.

Propoſition 65.

Soit la même piramide A B droite , dont la baſe A peut circonſcrire un cercle : la vîteſſe de la liqueur qu'elle déplace eſt égale au tiers du rayon du cercle inſcrit dans ſa baſe , & au tiers de la hauteur des

faces

faces triangulaires. Tirons les rayons A C, & les lignes B C, aux
points C, ou le cercle touche les côtez du poligone A.

Démonstr. Quand la piramide s'avance ; la liqueur qui couvre les
triangles B D D , passe sur les triangles qui leur répondent D A D,
par des lignes paralleles aux lignes B C A [a] ; donc sa vîtesse est égale au tiers des lignes B C A [b]. Ce qu'il &c.

[a] Prop. 8.9.
[b] Prop. 13.

Proposition 66.

La peine que la piramide A B trouve à fendre le milieu , peut être
exprimée par le produit de sa base , & du tiers des lignes B C A.

Démonstr. La ligne que parcourt la piramide pouvant toûjours être
prise pour l'unité ; sa base pourra exprimer la liqueur qu'elle déplace [c] ;
donc le produit de sa base par le tiers des lignes B A C, qui fait la
vîtesse de la liqueur déplacée , peut exprimer la peine que la piramide
A B trouve à fendre le milieu. Ce qu'il &c.

[c] Prop. 64.
[d] Pr. 16. Cor

Corollaire.

La piramide A B n'a pas plus de peine à fendre le milieu par sa
base , que par sa pointe.

Proposition 67.

Soient les piramides droites , égales , & de même hauteur , A B, [Figure 19.]
C D ; & que le rayon du cercle inscrit dans la base A soit moindre
que le rayon du cercle inscrit dans la base C. Je dis que la peine de
la piramide A B sera moindre que la peine de la piramide C D.
Tirons les rayons A E, C F , & les lignes B E, D F.

Démonstr. Puisque les piramides égales ont des hauteurs égales,
elles auront aussi des bases égales : donc elles déplaceront des masses
égales [a]. D'ailleurs les triangles rectangles B A E, D C F, aiant les
côtez B A, D C égaux , & le côté A E moindre que le côté C F ,
la ligne B E sera moindre que D F ; donc la vîtesse de la liqueur déplacée par la piramide A B , sera moindre que la vîtesse de la liqueur
déplacée par la piramide C D [b] ; donc la peine de la piramide A B
sera moindre que la peine de la piramide C D [c]. Ce qu'il &c.

[a] Prop. 64.
[b] Prop. 65.
[c] Prop. 66.

Corollaire.

Les Cones trouvent plus de peine à fendre le milieu par une ligne
parallele à leur axe , que toutes les piramides égales , & de même
hauteur : Les piramides triangulaires en trouvent moins que toutes les
autres. De-même parmi les piramides triangulaires , celle qui a pour
sa base un triangle équilateral , trouve plus de peine à fendre le milieu
que les autres : & celle qui a pour sa base un triangle plus éloigné de
l'équilateral , en trouve moins.   *Pro*

Proposition 68.

Figure 30.   Soit la piramide A B qui a un quarré-long D D pour sa base : quand elle fendra le milieu par une ligne perpendiculaire à sa base ; ses faces C B D, E B D, laisseront de l'arriére des prismes dont les faces C B D, D B E pourront être les bases, & des lignes égales à celle que la piramide parcourt, pourront être leurs axes.

Démonstr. Puisque les faces C B D, E B D s'avancent par des lignes perpendiculaires à la base D D ; chacun de leurs points décrira une ligne perpendiculaire au plan D D ; mais les faces C B D, E B D ne sont pas perpendiculaires au plan D D, donc leurs points décriront des lignes qui ne seront pas dans leur plan ; & d'ailleurs ces lignes seront égales & paralleles, puisque tous les points de la piramide se meuvent avec des vîtesses égales, par des lignes perpendiculaires au plan D D : donc toutes ces lignes feront des prismes dont les faces C B D, E B D pourront être les bases, & les lignes décrites par leurs centres pourront être les axes. Ce qu'il &c.

Proposition 69.

Figure 31.   Les mêmes choses étant supposées : les parallelogrammes C B B C,
30.   E B B C, décrits par les lignes C B, E B, étant pris pour les bases des prismes ; les lignes C D, E D feront les hauteurs, si la piramide est droite.

Démonstr. Les lignes C C, E E étant droites sur le plan D D,
Défin.11.I.   feront perpendiculaires sur C D, E D [a] ; mais d'ailleurs les lignes C D,
Eucl.   E D font perpendiculaires sur C B, E B, parce que la piramide étant droite, toutes ses faces triangulaires sont isosceles : donc les lignes
[b]   C D, E D font droites sur les plans C C B [b], E E B ; donc si on
12.11.Euc.   prend les parallelogrammes C B B C, E B B E, pour les bases des prismes, les lignes C D, E D feront les hauteurs. Ce qu'il &c.

Proposition 70.

Figur. 32.   Les mêmes choses étant supposées ; les prismes C B D, E B D font égaux. Prenons A B pour l'axe de la piramide, B B pour ce qu'elle avance ; & faisons A E égale à C D, & A C égale à E D : & aiant pris A A égale à B B achevons les parallelogrammes rectangles A C, A E. Alors la ligne E B de la figure 30. sera égale à la ligne E B de
[c]   la figure 32. [c] & la ligne C B sera aussi la même dans l'une & l'autre
47.1.Euc.   figure : & les parallelogrammes C B B C, E B B E feront les mêmes que dans la figure 31.

Démonstr. Les parallelogrammes C B B C, E B B E aiant la même base B B feront entr'eux comme leurs hauteurs A C, A E, ou

comme

comme E D , C D : donc dans la figure 31 , la baſe C B B C eſt à
la baſe E B B E , comme réciproquement la hauteur E D eſt à la hauteur C D ; donc les deux priſmes ſont égaux.   Ce qu'il &c.

Corollaire.

La moitié de la liqueur déplacée paſſera du triangle A C D ſur le
triangle C B D , & l'autre moitié paſſera du triangle A D E ſur le
triangle E B D.

Propoſition 71.

La moitié de la liqueur déplacée aura pour ſa vîteſſe le tiers des lignes A C B.

Démonſtr. La moitié de la liqueur déplacée paſſera du triangle
A C D , au triangle C B D par des paralleles aux lignes A C B ; donc
ſa vîteſſe ſera le tiers des lignes A C B [d].   Ce qu'il &c.

[d] Prop. 13.

Propoſition 72.

Les lignes A C B étant moindres que les lignes A E B : il y a
quelque point H entre les points A & E , par où ſi on tire les lignes
H I L M paralleles aux lignes E D E ; les lignes H I L M ſeront égales aux lignes H E M.

[Figure 33.]
[Figure 30.]

Démonſtr. Puiſqu'en élevant le point H , on diminuë les lignes
H I L M , & les lignes H E M de telle maniére que les diminutions
peuvent être infiniment petites , & que les lignes H E M peuvent devenir moindres que les lignes H I L M ; ſçavoir quand le point H
eſt au point E ; les lignes H I L M pourront devenir égales aux lignes H E M. Ce qu'il &c.

Propoſition 73.

La même choſe étant ſuppoſée , la liqueur du triangle H D E pourra couvrir le triangle E D M , & la liqueur du triangle A D H pourra couvrir le triangle D B M.

Démonſtr. Puiſque la liqueur du triangle A D E doit paſſer ſur
le triangle E D B : [a] les parties proportionnelles de celui-là pourront paſſer ſur les parties proportionnelles de celui-cy : mais le triangle H D E eſt proportionnel au triangle E D M ; car A H : A E ::
B M : B E ; donc la liqueur H D E pourra paſſer ſur le triangle
D E M. Ce qu'il &c.

[a] Pr. 70. Cor

Propoſition 74.

La même choſe étant ſuppoſée , la liqueur H D E paſſera ſur DEM
par des lignes paralleles aux lignes H E M.

E   Dém

Démonstr. Puisque les lignes HE M sont égales aux lignes HILM, chaque point de la liqueur HDE trouvera une voye plus courte, pour se rendre sur le triangle DME par des paralleles aux lignes HEM, que par des paralleles aux lignes HILM : donc la liqueur HDE se rendra sur DEM par des parelleles aux lignes HEM. Ce qu'il &c.

Corollaire.

La vîtesse de la liqueur HDE est le tiers des lignes HEM, ou HILM.

Proposition 75.

Figure 30.   La liqueur AHD passera sur DBM par des lignes paralleles aux lignes HILM. Tirons les lignes XPQZ paralleles aux lignes HILM, & marquons le point O où HI coupe la ligne AD.

Démonstr. Chaque partie HDO, ou XDP se rendra sur chaque partie proportionnelle DML, ou QDZ : mais ces parties peuvent être prises pour des lignes paralleles aux lignes HILM : donc toute la liqueur ADH se rendra sur BDM par des paralleles aux lignes HILM. Ce qu'il &c.

Proposition 76.

La vîtesse de la liqueur AHIC est égale à la moitié des lignes HILM & un peu plus, ou à la moitié des lignes ACB & un peu moins.

Démonstr. Si les lignes HILM étoient aussi longues que les lignes ACB, la liqueur AHIC auroit plus de vîtesse qu'elle n'en a, & sa vîtesse seroit la moitié des lignes ACB [a]. Si au contraire les lignes ACB étoient aussi courtes que les lignes HILM, la liqueur AHIC auroit moins de vîtesse qu'elle n'en a, & sa vîtesse seroit la moitié des lignes HILM : donc sa vîtesse est un peu plus grande que la moitié des lignes HILM, & un peu moindre que la moitié des lignes ACB. Ce qu'il &c.

[a] Prop. 6.

Proposition 77.

La vîtesse de la liqueur HDI est égale au tiers des lignes HILM.

Démonstr. Puisque la liqueur HDI passe sur DILM par des paralleles aux lignes HILM, sa vîtesse sera le tiers des lignes HILM [a]. Ce qu'il &c.

[a] Prop. 13.

Proposition 78.

Les mêmes choses étant supposées, si on multiplie le parallelogramme

gramme A E D C, plus le triangle A I C par le tiers des lignes HILM: le produit ſera un peu moindre que le quart de la peine que trouve la piramide A B à fendre le milieu.

Démonſtr. Puiſque la vîteſſe de la liqueur E H I D eſt égale au tiers des lignes HILM [b], & que la vîteſſe de la liqueur A H I C Pr.74. 77. eſt un peu plus grande que la moitié des lignes HILM : ſi on multiplie la liqueur A H I C par la moitié de HILM, ou ce qui eſt le même, ſi on multiplie la liqueur A H I C, & ſa moitié par le tiers des lignes HILM, & qu'on multiplie la liqueur E H I D par le même tiers, on aura un peu moins que le quart de la peine que la piramide A B trouve à fendre le milieu. Ce qu'il &c.

Propoſition 79.

Aiant continué la ligne E D vers P, de ſorte que DP ſoir égale Figure 33. à D E, & aiant continué H I L juſques à ce qu'elle rencontre B P au point O, la ligne H O ſera égale aux lignes HL, LM.

Démonſtr. Puiſque les lignes LM, LO ſont paralleles l'une à DE, l'autre à D P : nous trouverons B L : B D :: L M : D E, & B L : B D :: L O : D E ; donc L M : D E :: L O : D E ; donc L M eſt égale à L O ; donc la ligne H O eſt égale aux lignes HILM. Ce qu'il &c.

Propoſition 80.

Si du point O on tire O R parallele à I C, le point R tombera entre B & C. Tirons L N parallele à I C.

Démonſtr. Puiſque les angles OBL & LBN qui font le quart d'un angle ſolide, ne peuvent pas faire un droit, l'angle OBL ſera moindre que BLN; donc le ſinus total LB aura une moindre raiſon à NB, qu'à LO; donc NB eſt plus grande que LO; donc NR eſt moindre que NB ; donc le point R eſt entre B & N. Ce qu'il &c.

Propoſition 81.

Aiant marqué le point Z, où la ligne A D coupe la ligne H I. Je dis que le quart de la peine de la piramide A B, eſt égal au produit de la liqueur A E D C par le tiers des lignes A C B, plus le produit de la liqueur A D H par le tiers de Z I L, moins le produit de la liqueur A D E par le tiers de B R.

Démonſtr. La peine que la liqueur A D C trouve à paſſer ſur B D C, eſt égale au produit de la liqueur ADC par le tiers des lignes A C B [a] : & la peine que trouve la liqueur H D E à paſſer ſur DEM, Prop. 13. eſt égale à ſon produit par le tiers de HEM, ou HLO, ou par le tiers de A C B, moins le tiers de B R : enfin la peine de la liqueur ADH eſt égale à ſon produit par le tiers de HZ & LO, & par les deux tiers de ZIL,

E ij

ou

ou ce qui eſt le même par le tiers de H L O, & par le tiers de Z I L, ou par le tiers de A C B, moins le tiers de R B, plus le tiers de Z I L: donc la peine de la liqueur A E D C, ou le quart de la peine que trouve la piramide A B, eſt égale au produit de la même liqueur par le tiers de A C B, plus le produit de la liqueur A D H par le tiers de Z I L, moins le produit de la liqueur A D E par le tiers de B R. Ce qu'il &c.

Propoſition 82.

Le produit de la liqueur A D E par le tiers de B R, eſt égal au produit de la liqueur A H D par le tiers de B N, prenant P N parallele à D C.

Démonſtr. B R : B N comme B O : B P, ou comme B L : B D, ou comme A H : A E, ou comme la liqueur A H D à la liqueur A D E ; donc [a] le produit de la liqueur A D E, par le tiers de B R, eſt égal au produit de la liqueur A D H, par le tiers de B N. Ce qu'il &c.

a
15. 6. Euc.

Propoſition 83.

Si la ligne B N eſt égale aux lignes Z I L, la peine que trouve la piramide A B à fendre le milieu, eſt égale au produit de la liqueur déplacée, par le tiers des lignes A C B.

Démonſtr. Puiſque le produit de la liqueur A D H par le tiers de Z I L, eſt égal au produit de la liqueur A D H par le tiers de B N, il sera égal au produit de la liqueur A D E par le tiers de B R [b]: donc [c] la peine de la piramide A B ne ſera que le produit de la liqueur déplacée, par le tiers des lignes A C B. Ce qu'il &c.

b
Précéd.
c
Prop. 81.

Propoſition 84.

Si la ligne B N eſt égale aux lignes Z I L, la piramide A B qui a un quarré-long pour ſa baſe, trouvera moins de peine à fendre le milieu, qu'une piramide égale & de même hauteur, qui auroit un quarré pour ſa baſe.

Démonſtr. La peine de la piramide quarrée ſera égale à la liqueur déplacée, multipliée par le tiers des lignes A C B [d], & la peine de la piramide qui n'eſt pas quarrée, eſt égale au même produit [a]. Mais la liqueur déplacée eſt la même pour l'une & pour l'autre piramide ; puiſquelles ont leurs baſes égales [b] ; & les lignes A C B ſont plus grandes dans la quarrée que dans l'autre : donc la peine de la piramide quarrée eſt plus grande. Ce qu'il &c.

d
Prop. 66.
a
Précéd.
b
Prop. 64.

Propoſition 85.

Figur. 34.

Suppoſons encore que le parallelogramme A C D E eſt le quart de
la

la baſe d'une piramide ; que CBD, EBD ſont les moitiez de deux
de ſes faces triangulaires ; & que les lignes HILM ſont égales aux
lignes HEM. Si on diminuë la largeur du parallelogramme ACDE,
en le reduiſant au parallelogramme KCDF, les lignes GILO ſeront moindres que les lignes GFO.

Démonſtr. Puiſque DF eſt moindre que DE dans les triangles
rectangles BDE, BDF ; BF ſera plus grande que BE[c], & par-   [c]
conſéquent OF ſera plus grande que ME : donc les lignes HEM,   47.J. Euc.
ou HILM ſont moindres que GFO : mais GILO ſont auſſi moindres que HILM : donc les lignes GILO ſont moindres que les lignes GFO. Ce qu'il &c.

Corollaire.

Les lignes CB, CD demeurant les mêmes, ſi on diminuë la ligne AC, il faudra élever le point H, afin que les lignes HEM
ſoient égales aux lignes HILM : & parconſéquent on augmentera
BN & on diminuera les lignes ZIL.

Propoſition 86.

Les mêmes choſes étant ſuppoſées : ſi on augmente CD, de la   Figur. 35.
ligne DF ; & qu'aiant tiré FB on la diviſe au point S par la ligne
NLS parallele à DC. Je dis que les lignes PRSO paralleles aux
lignes GFG, ſeront moindres que les lignes PGO.

Démonſtr. Puiſque [d]LM : DE :: SO : FG, & que FG eſt égale   [d]
à DE ; SO ſera égale à LM : & parconſéquent PSO ſeront égales   4. 6. Euc.
à HLM. Mais les lignes HLM ſont égales à HEM : donc PSO
ſont égales à HEM ; mais HEM ſont moindres que PGO[d] ; puiſque les toutes AE, BE ſont moindres que AG, BG : donc les lignes PSO ſont moindres que PGO. Ce qu'il &c.

Corollaire.

Il faudra élever le point P, afin que PRSO deviennent égales
aux lignes PGO, & parconſéquent il faudra auſſi diminuër les lignes ZIL, ou XRS.

Propoſition 87.

La ligne CB demeurant la même ; ſi on augmente la ligne CD,   Figure. 33.
& qu'on diminuë la ligne AC de telle maniere que quelque ligne K
ſoit toûjours moyenne entre les lignes AC, CD : je dis qu'on diminuë la peine de la piramide.

Démonſtr. Puiſque la baſe de la Piramide demeure la même ; la   [a]
liqueur déplacée ſera la même ; mais les lignes ACB & ZIL[a] qui   Précéd.

E iij   font

font la vîteſſe de la liqueur, deviendront moindres ; tandis que BN qui diminuë la vîteſſe de la liqueur, deviendra plus grande [a] ; donc le produit de la liqueur par ſa vîteſſe, ou la peine de la piramide ſera moindre. Ce qu'il &c.

Prop. 82.

Propoſition 88.

Les mêmes choſes que dans la précédente étant ſuppoſées, la piramide AB ſera plus grande qu'elle n'étoit avant qu'on eut diminué AC & augmenté CD.

Démonſtr. Puiſque dans le triangle rectangle ABC, la ligne BC demeurant la même, on diminuë la ligne AC, on augmentera la hauteur AB [b] de la piramide ; donc ſa baſe demeurant la même, la piramide en ſera plus grande [c]. Ce qu'il &c.

47.1. Euc. [b]

7. 11.Euc. [c]

Corollaire.

On peut diminuër la peine d'une piramide, ſans diminuër ſon étenduë, & en général, les piramides quadrilatéres qui ſont plus éloignées de la quarrée, trouvent moins de peine à fendre le milieu.

§. X.

De la peine que trouve une Piramide à fendre le milieu par une ligne perpendiculaire à ſon axe.

Propoſition 89.

Fig. 36.

SOit la piramide droite AC qui ſe meut par la direction AB perpendiculaire à ſon axe AC : la liqueur déplacée ſera égale à un priſme, dont la hauteur égalera la ligne parcouruë AB, & dont la baſe ſera compoſée des deux plus grands triangles qu'on pourra faire tomber des extremitez de la piramide perpendiculairement ſur le plan ABDC que décrit l'axe AC, l'un d'un côté, l'autre de l'autre, ſçavoir ACF, ACG, en ſuppoſant FAG perpendiculaire ſur AC, & ſur AB. Tirons les lignes GH, FE, CD égales & paralleles à AB.

Démonſtr. La liqueur déplacée ſera égale au priſme FACDEB, & au priſme GACDBH : donc elle ſera égale à un priſme qui a AB pour ſa hauteur, & dont les baſes ſont égales aux triangles ACF, ACG. Ce qu'il &c.

Propoſition 90.

Fig. 37.

Les mêmes choſes étant ſuppoſées ; faiſons que la piramide AC ſoit quarrée, & qu'elle ſe meuve par une direction parallele à EAE, & à un des côtez BB de la piramide : la liqueur qui couvre la face triangulaire

triangulaire B C B qui eſt devant , paſſera ſur la face triangulaire
B C B qui eſt derriere : ou la liqueur B C E qui eſt devant , paſſera
ſur B C E qui eſt derriere.

Démonſtr. Puiſque la face B C B qui eſt derriere , laiſſe des vuides égaux aux eſpaces que la face B C B gagne devant ; la liqueur déplacée par la face B C B qui eſt devant , paſſera ſur la face B C B qui
eſt derriere ; & la liqueur B C E qui eſt déplacée devant , paſſera
ſur la face B C E derriere. Ce qu'il &c.

Propoſition 91.

Les mêmes choſes étant ſuppoſées ; prenons le point D ſur la ligne E C, de ſorte que les lignes D E E D ſoient égales aux lignes
D R R D paralleles aux lignes E B B E, & tirons la ligne B D. Si
de quelque point I de la ligne B D nous tirons les lignes I E E I paralleles aux lignes D E E D , elles ſeront égales aux lignes I R R I
paralleles aux lignes D R R D. Tirons les lignes B L paralleles aux
lignes E C, qui coupant les lignes R R prolongées aux points L , feront les lignes L L égales aux lignes B B. Prenons encore ſur R D
les lignes R M égales aux lignes R L , & tirons B M qui coupant
la ligne I R au point N, fera N R égale à R L [a]. Alors les lignes
M R R M étant égales aux lignes L L , ou E E , les lignes D E, D M
ſeront égales ; je dis donc que les lignes N R R N étant auſſi égales
à L L , ou E E , les lignes E I , I N ſeront égales.

Démonſtr. Puiſque les lignes E I N, E D M ſont paralleles , elles
ſeront entr'elles comme B I à B D : donc E I : E D :: I N : D M ,
ou par échange E I : I N :: E D : D M ; donc comme E D eſt égale à D M , E I eſt auſſi égale à I N. Ce qu'il &c.

[a] 4. 6. Euc.

Propoſition 92.

Les mêmes choſes étant ſuppoſées ; la liqueur D E B ſe rendra
ſur le triangle D E B qui lui répond derriere , par des lignes paralleles aux lignes D E E D. Prenons quelque point O entre D & E ,
& tirons O R R O paralleles aux lignes D R R D.

Démonſtr. Puiſque les lignes O E E O ſont moindres que D E E D,
elles ſeront moindres que D R R D ; mais les lignes D R R D ſont
moindres que O R R O [a] : donc les lignes O E E O ſont moindres
que O R R O ; donc le point O ſe rendra plutôt ſur le point O ,
par les lignes O E E O , que par les lignes O R R O. On montrera
de-même que tous les points de la ligne I E ſe rendront plutôt ſur
les points qui leur répondent, par des lignes paralleles aux lignes D E E D,
que par des lignes paralleles aux lignes D R R D : donc toute la liqueur D B E ſe rendra ſur le triangle D B E par des paralleles aux
lignes D E E D. Ce qu'il &c.

[a] 4. 6. Euc

Proposition 93.

On démontrera de-même que la liqueur DCB passera sur le triangle DCB par des lignes paralleles aux lignes DRRD.

Corollaire.

La vîteffe de la liqueur fera moindre que fi elle paffoit toute par des lignes paralleles aux lignes DRRD.

Proposition 94.

La vîteffe de la liqueur BDE fera égale aux deux tiers de DE, & à la ligne EE.

Démonftr. Puifque la liqueur BDE fort du triangle BDE, traverfe le parallelogramme BB, & rentre dans le triangle BDE par des lignes paralleles aux lignes DEED [a]; fa vîteffe fera égale à la ligne EE [b], & aux deux tiers de la ligne DE [c]. Ce qu'il &c.

[a] Précéd.
[b] Prop. 6.
[c] Prop. 13.

Proposition 95.

La vîteffe de la liqueur DCR fera les deux tiers de la ligne DR, & de la ligne RR.

Démonftr. Puifque la liqueur DRC fort du triangle DRC, traverfe le triangle RCR, & rentre dans le triangle DRC par des lignes paralleles aux lignes DRRD ; fa vîteffe fera les deux tiers de DR, & les deux tiers de RR [d]. Ce qu'il &c.

[d] Prop. 13.

Proposition 96.

La vîteffe de la liqueur DRB fera égale 1. aux deux tiers de la ligne DR [d]. 2. à une ligne un peu moindre que BB, & un peu plus grande que RR.

Démonftr. Si la liqueur DBR traverfoit un parallelogramme qui eut la bafe BB, & la hauteur du trapéze RBBR, fa vîteffe feroit plus grande qu'elle n'eft ; & elle ne feroit égale qu'à la ligne BB ; mais fi le parallelogramme n'avoit que la bafe RR, la vîteffe de la liqueur feroit moindre qu'elle n'eft, & elle feroit égale à la ligne RR : donc la vîteffe de la liqueur DBR qui traverfe le trapéze RBBR par des paralleles à BB, fera égale à une ligne plus courte que BB, & plus longue que RR. Ce qu'il &c.

Proposition 97.

Figur. 38. 39.   On appliquera les mêmes démonftrations pour trouver la vîteffe de la liqueur déplacée, fi la piramide fe meut par une direction perpendiculaire à fon axe, & parallele à la diagonale, ou à quelqu'autre ligne

ligne de ſa baſe : ou ſi la piramide eſt triangulaire , ou de quelqu'autre figure : ou enfin ſi elle ſe meut obliquement à ſon axe.

Corollaire.

Les cones ont moins de peine à fendre le milieu par leurs côtez, que toutes les autres piramides de même hauteur ; & les piramides triangulaires en ont plus, parce qu'elles ont des plans , & des contours plus grands. Cela s'entend quand on fait mouvoir les piramides par le ſens où elles trouvent plus de peine à fendre le milieu.

Propoſition 98.

Si deux piramides A C, A D accolées par leurs baſes B B B , ſe meuvent par une direction perpendiculaire à leur axe A D C , elles auront plus de peine que ſi elles étoient ſéparées.   Figur. 40.

Démonſtr. Les piramides ainſi accolées déplaceront autant de liqueur , que ſi elles étoient ſéparées [a] ; & la vîteſſe de la liqueur ſera plus grande [b] ; donc la peine des piramides ſera plus grande que ſi elles étoient ſéparées.   Ce qu'il &c.

a Prop. 89.
b Pr.93.Cor

§. X I.

De la peine que trouve le globe à fendre le milieu.

Propoſition 99.

SI le globe A ſe meut dans une liqueur par la ligne A B, la maſ-ſe de la liqueur déplacée ſera égale au produit d'un de ſes grands cercles , par la ligne A B.   Figure 41

Démonſtr. La liqueur que le globe déplace , eſt égale au cilindre A B ; donc elle eſt égale au produit du grand cercle A, par la hauteur A B. Ce qu'il &c.

Propoſition 100.

La vîteſſe de la liqueur déplacée par le globe eſt un peu moins des deux tiers du diamétre du globe.   Fig. 41.

Démonſtr. La vîteſſe de la liqueur déplacée par le globe n'eſt rien autre choſe , que la vîteſſe de la liqueur qui paſſe des triangles ſphériques D C D qui ſont devant, aux triangles ſphériques D C D qui ſont derriere ; mais la vîteſſe de la liqueur qui paſſe ainſi , eſt un peu moins des deux tiers du diamétre du globe [a] : donc la vîteſſe de la liqueur déplacée par le globe eſt un peu moins des deux tiers du diamétre du globe. Ce qu'il &c.

a Pr.33.Cor

F   §. XII.

§. XII.

Comparer la peine que divers corps trouvent à fendre le milieu.

Proposition 101.

Figur. 42.

SI le prisme AB droit, & la piramide droite AC ont la même base, & sont égaux : le prisme aura plus de peine à fendre le milieu par une ligne parallele à son axe, que la piramide : & parce qu'aiant la même base ils déplaceront une égale masse de liqueur [d], il suffit de démontrer que la vîtesse de la liqueur déplacée par le prisme est plus grande, que la vîtesse de la liqueur déplacée par la piramide. Aiant inscrit un cercle dans la base commune, tirons un de ses rayons AD au point D où le cercle touche un des côtez de la base, & tirons encore CD.

[d]
Pr.36. 64.

Démonstr. Puisque le prisme est égal à la piramide, l'axe AB sera le tiers de l'axe AC [a] ; donc la vîtesse de la liqueur déplacée par le prisme sera le tiers de la ligne AC, & les deux tiers de la ligne AD [b] ; mais puisque les lignes AC, AD sont plus grandes que DC ; le tiers de AC, & le tiers de AD valent plus que le tiers de DC : donc la vîtesse de la liqueur déplacée par le prisme, sera plus grande que le tiers de DC & le tiers de AD, qui font la vîtesse de la liqueur déplacée par la piramide [c]. Ce qu'il &c.

[a]
7.12. Euc.

[b]
Pr.37.Cor

[c]
Prop. 66.

Remarque.

La même démonstration s'appliquera aux prismes, & aux piramides également obliques.

Lemme.

Fig. 43.

Si on tire la perpendiculaire EB sur le bout de la ligne AB, égale à la perpendiculaire DF tirée de quelqu'autre point de la ligne AB entre A & B ; les lignes BFA seront moindres que BEA. Marquons le point I où la ligne AE coupe la ligne DF ; & tirons DE qui sera égale à FB [a].

[a]
4. 1. Euc.

Démonstr. La ligne AI avec la ligne IF, valent plus que AF ; la ligne IE avec ID, valent plus que DE ou FB : donc la toute AE, avec la toute FD, ou les lignes AEB, valent plus que les lignes AF, FB. Ce qu'il &c.

Proposition 102.

Figur. 40.

Si deux piramides droites AC, AD sont accolées sur la même base BBB, & que la piramide droite EF qui a la même base,

leur

leur ſoit égale : elle aura plus de peine à fendre le milieu, que les piramides accollées, en ſuppoſant qu'elles ſe meuvent toutes paralle-lement à leurs axes. Suppoſons que A H eſt le rayon du cercle in-ſcrit qui touche B B au point H, & tirons C H D, tirons de même E G F.

Démonſtr. Puiſque les baſes ſont égales, & également inclinées à la ligne de direction ; les maſſes de la liqueur déplacée ſeront éga-les [b] : mais le tiers des lignes F G E qui fait la vîteſſe de la liqueur déplacée par la piramide E F, eſt plus grand [c] que le tiers des lignes C H D, qui fait la vîteſſe de la liqueur déplacée par les piramides accolées ; donc la peine de la piramide E F eſt plus grande, que la peine des piramides accolées. Ce qu'il &c.

[b] Pr. 36. 64.
[c] Lem. Préc.

Lemme.

Si la liqueur A B C D traverſe le demi-cercle A E, & le rectan-gle A F G par des lignes paralleles à A F, la vîteſſe qu'elle aura en traverſant le demi-cercle ſera à la vîteſſe qu'elle aura en traverſant le rectangle, comme le demi-cercle eſt au rectangle. Tirons les li-gnes H I L M paralleles à D A F.

Figure 44

Démonſtr. Puiſque la vîteſſe de chaque ligne H I de la liqueur eſt égale à la ligne I L en traverſant le demi-cercle, & à la ligne I M en traverſant le rectangle ; le mouvement qu'elle a en traverſant le demi-cercle ſera égal au rectangle H I L, & le mouvement qu'elle a en traverſant le rectangle eſt égal au rectangle H I M ; donc tout le mouvement de la liqueur en traverſant le demi-cercle, ſera égal à un demi-cilindre qui aura le demi-cercle pour baſe, & A D pour hauteur, & le mouvement de la liqueur en traverſant le rectangle ſera égal à un priſme de même hauteur qui aura le rectangle pour baſe, & parconſéquent qui ſera au demi-cilindre comme le rectan-gle au demi-cercle. Mais la liqueur étant la même, les mouvemens ſeront comme les vîteſſes : donc la vîteſſe de la liqueur en traverſant le demi-cercle, eſt à ſa vîteſſe en traverſant le rectangle, comme le demi-cercle au rectangle. Ce qu'il &c.

Propoſition 103.

Si le cilindre D A D dont la hauteur eſt infiniment petite, eſt égal aux piramides droites B D D, C D D accolées ſur ſon plan dia-gonal D A D, il aura autant de peine à fendre le milieu par une li-gne perpendiculaire à la ligne D D & à ſon axe, que les piramides en ont à fendre le milieu par une ligne parallele à leur axe. Nous trouverons d'abord que les maſſes de la liqueur déplacée ſeront les mêmes [a] : & il faudra ſeulement démontrer que les vîteſſes ſont éga-les.

Figur. 45.

[a] Pr. 36. 64.

les. Inſcrivons le cilindre dans un priſme dont la baſe ſoit le quarré de D D.

Démonſtr. Les piramides étant égales au cilindre, ſeront au priſme, comme le cercle A au quarré A ; mais elles ſont auſſi au priſme comme le tiers de leur axe à la hauteur D D du priſme ſur ſa baſe D D : donc le tiers de l'axe des piramides eſt à la ligne D D, comme le cercle A au quarré A, ou [b] comme la vîteſſe d'une liqueur qui traverſeroit le cercle A eſt à la vîteſſe d'une liqueur qui traverſeroit le quarré A, ſçavoir D D. Mais la vîteſſe de la liqueur déplacée par le cilindre eſt égale à celle qui lui convient pour traverſer le cercle [c] ; & la vîteſſe de la liqueur déplacée par les piramides, eſt égale au tiers de leur axe, parcequ'étant infiniment minces leur axe eſt égal à la hauteur de leurs faces triangulaires : donc la vîteſſe de la liqueur déplacée par le cilindre eſt à la ligne D D, comme la vîteſſe de la liqueur déplacée par les piramides eſt à la même ligne D D : donc la vîteſſe de la liqueur déplacée par le cilindre, eſt égale à la vîteſſe de la liqueur déplacée par les piramides. Ce qu'il &c.

b
Lem. préc.

c
Prop. 50.

Propoſition 104.

Les mêmes choſes étant ſuppoſées ; ſi on donne quelque hauteur au cilindre, ſa peine ſera plus grande que celle des piramides.

Démonſtr. La liqueur déplacée ſera encore la même, & la vîteſſe de la liqueur croîtra plus dans le cilindre que dans les piramides: car la vîteſſe de la liqueur dans le cilindre croîtra de la moitié de ſa hauteur [d] pour le moins, & la vîteſſe de la liqueur dans les piramides ne croîtra pas de la ſixiéme partie de ſa hauteur ; puiſque la hauteur de leurs faces triangulaires ne croîtra pas de la moitié de la même hauteur : donc la peine du cilindre ſera plus grande que celle des piramides. Ce qu'il &c.

d
Prop. 50.

Propoſition 105.

Si les deux cones droits A C, A B ſont accolez ſur le grand cercle A d'un globe, qui leur ſert de baſe, & qu'ils ſoient égaux au globe ; ils auront plus de peine à fendre le milieu par une ligne parallele à leur axe, que le globe : & parceque la liqueur déplacée eſt la même de part & d'autre [a], il faut montrer que la vîteſſe de la liqueur déplacée par les cones eſt plus grande.

Fig. 46.

a
Pr. 64.99.

Démonſtr. La hauteur B A C des cones étant double du diamétre du globe [b] : le tiers de la ligne B A C ſera égal aux deux tiers du diamétre du globe ; mais le tiers de B A C eſt moindre que la vîteſſe de la liqueur déplacée par les cones [c] ; donc la vîteſſe de la liqueur déplacée par les cones, eſt plus grande que les deux tiers du diamétre

b
Géom. 7.8.

c
Prop. 65.

diamétre du globe, ou que la vîteſſe de la liqueur déplacée par le globe [d]. Ce qu'il &c.

[d] Prop. 100.

Propoſition 106.

Si à la place des cones on met des piramides accolées ſur une baſe égale au grand cercle A ; la propoſition, & la démonſtration ſera la même.

Propoſition 107.

Si on diminuë la baſe des cones accolez, & qu'on augmente à proportion leur axe C A B : on diminuëra la peine qu'ils trouvent à fendre le milieu par une ligne parallele à leur axe.

Démonſtr. En diminuant leur baſe on diminuë en même raiſon la liqueur déplacée [a], & on n'augmente pas en même raiſon les lignes B D C [b], ou la vîteſſe de la liqueur [c], qu'on augmente les axes : donc on diminuë plus la liqueur qu'on n'augmente ſa vîteſſe ; donc on diminuë ſon mouvement, ou la peine des cones. Ce qu'il &c.

[a] Prop. 64.
[b] 4. 6. Euc.
[c] Prop. 65.

Propoſition 108.

Quelque longueur qu'on donne aux cones accolez, ils auront plus de peine à fendre le milieu, que le globe qui leur eſt égal. Suppoſons qu'on leur donne la hauteur I A H.

Démonſtr. Puiſque les cones I E H ſont égaux aux cones B D C ; la hauteur I A H ſera à la hauteur B A C, comme réciproquement la baſe A D à la baſe A E. Mais la hauteur B A C eſt égale à deux diamétres du globe : donc la hauteur I A H eſt à deux diamétres du globe, comme la baſe A D à la baſe A E : donc le tiers de la hauteur I A H moindre que la vîteſſe de la liqueur déplacée par les cones, eſt aux deux tiers du diamétre du globe plus grands que la vîteſſe de la liqueur déplacée par le globe, comme la baſe A D, ou la liqueur déplacée par le globe eſt réciproquement à la baſe A E, ou à la liqueur déplacée par les cones : donc la peine des cones eſt plus grande que celle du globe. Ce qu'il &c.

Remarque.

On appliquera ſans peine les propoſitions précédentes aux corps obliques, & on trouvera qu'ils ont plus de peine à fendre le milieu que les droits.

F iij   CHAP

CHAPITRE SECOND.

De la figure du Vaisseau par rapport à la voile qu'il doit porter.

EXPLICATION DU SUJET.

IL n'est point de defaut plus à craindre dans un Vaisseau, que celui de ne pas porter la voile : on peut couler bas, comme fit le Vaisseau nommé *la Lune*, dans la Rade des Isles d'Hiéres l'an 1678. car on dit qu'une risée de vent le mit si fort à la bande, qu'il se remplit par sa seconde Batterie, & coula à fond avec plus de mille hommes qui étoient dedans, & qui y périrent presque tous. D'ailleurs un Vaisseau démâte aisément : quand les mâts perdant leur aplomb, exercent sur leurs aubans une force de levier, qui croît comme le sinus de leur obliquité : & un Vaisseau démâté est en grand danger de se perdre. Combien de fois est-on affalé sur une côte, où il n'y a de ressource que dans les Huniers : si vôtre Vaisseau porte la voile, il vous tire d'intrigue, comme le Royal Loüis se tira du Golphe de *l'Espece*, en portant les Huniers tout haut avec un temps qui reduisoit les meilleurs Voiliers à la Cape. C'est pour cela que les Constructeurs n'oublient rien pour faire porter la voile à leurs Vaisseaux : mais les plus habiles n'y réüssissent que rarement ; presque tous les Vaisseaux ont besoin qu'on les souffle, parce qu'ils ne portent pas la voile ; cependant souffler un Vaisseau c'est le rendre plus pesant, & moins bon Voilier ; c'est le faire pourrir bien-tôt ; sans parler des grandes dépenses soit pour faire, soit pour renouveller les soufflages. Il semble qu'il seroit aisé aux Constructeurs de faire porter la voile à leurs Vaisseaux, en leur donnant sur le Chantier la figure qu'ils ont aprés avoir été soufflez : mais comme cette figure les rendroit moins bons Voiliers, & que d'autres Vaisseaux portent la voile sans cette figure, les Constructeurs n'ont pas encore pû se résoudre de prendre ce parti. On pourroit encore faire porter la voile à un Vaisseau en le lestant de fer, ou de plomb : mais on tomberoit dans un autre inconvenient également dangereux : car le Vaisseau ainsi lesté tourmenteroit furieusement ; & ce fut ce qui perdit il y a quelques années un Vaisseau du Roy. Le Commandant qui est un des plus habiles de la Marine, voiant que son Vaisseau plioit beaucoup sous les voiles, fit mettre dix-sept pieces de canon à fond de cale ; ce qui le fit si fort rouler, qu'il démâta, & se perdit. Tout cela méritoit bien qu'on cherchât avec quelque soin ce qui peut faire porter la voile à un Vaisseau : c'est ce que j'entreprens dans ce chapitre. J'y découvre Géométriquement ce en quoi consiste la force du Vaisseau

pour

pour porter la voile, & ce que la figure du Vaiſſeau y contribuë. J'y apprens à faire que les Vaiſſeaux portent infailliblement la voile ; à trouver dans le Port combien un Vaiſſeau déja conſtruit a de force pour la porter ; & à augmenter cette même force autant qu'on voudra, par des voyes plus ſimples, & plus aiſées que celles dont on s'eſt ſervi juſques ici.

Suppoſitions.

Nous ſuppoſons les regles ordinaires de la mécanique, & en particulier les ſuivantes.

1. Le centre de gravité d'un corps agit, comme ſi tout le poids du corps y étoit réüni.

2. Si les Puiſſances A, B ſoûtiennent le poids C ſuſpendu par le levier AB au point G ; le poids C fait ſur elles le même effet, que s'il étoit au point G, ou en quelqu'autre point E de la verticale G C E. *Figur.47.*

3. Si un Vaiſſeau occupe l'eſpace A E B dans l'eau, ſon poids eſt égal à celui d'une maſſe d'eau égale à l'eſpace A E B.

4. Si le Vaiſſeau eſt plongé dans l'eau juſques à la ligne A B, & que ſon centre de gravité ſoit le point C : on pourra prendre les deux priſmes verticaux A E C G, B E C G pour deux Puiſſances qui ſoûtiennent le poids C ſuſpendu au point G par le levier A B : d'où on conclurra qu'on ne peut pas approcher, ou éloigner la verticale G C du point A, ſans rompre l'équilibre qui eſt entre les priſmes A E C G, B E C G.

5. La force abſoluë d'une Puiſſance peut s'exprimer par le poids qu'elle ſoûtient, quand elle a une vîteſſe égale à celle du poids. Ainſi quand une Puiſſance pouſſe le point C vers F par la verticale C F, & ſoûtient le poids C qui pouſſe le même point C vers E par la verticale C E ; nous diſons que la force abſoluë de la Puiſſance eſt égale à celle du poids, & qu'on la peut exprimer par le poids.

6. La force reſpective d'une Puiſſance eſt le produit de ſa force abſoluë multipliée par ſa vîteſſe. Nous nous ſervirons du mot de *Puiſſance*, ou de *poids*, pour ſignifier la force abſoluë ; & du mot de *force* pour ſignifier la force reſpective.

7. Les forces reſpectives de deux Puiſſances ſont égales, quand leurs forces abſoluës, & leurs vîteſſes ſont en raiſon réciproque.

§. I.

Du centre de Gravité du Vaiſſeau.

Propoſition 109.

Figur. 47.

Soit l'eſpace A E B, qu'un Vaiſſeau occupe dans l'eau ; ſi par le point C qui eſt le centre de gravité de l'eſpace A E B, on tire la verticale C G ; le centre de gravité du Vaiſſeau ſera dans la ligne verticale C G.

Démonſtr. Puiſque le point C eſt le centre de gravité du volume d'eau A E B, & que les priſmes A E C G, B E C G ſeroient en équilibre, ſi on mettoit l'eau A E B à la place du Vaiſſeau ; on ne pourra pas approcher, ou éloigner la verticale C G du point A, ſans rompre leur équilibre [a] ; donc le centre de gravité du Vaiſſeau ne pourra pas être dans une verticale plus ou moins éloignée du point A que la verticale C G. Ce qu'il &c.

[a] Supp. 4.

Propoſition 110.

Il n'eſt pas néceſſaire que le centre de gravité du Vaiſſeaù ſoit au point C. Suppoſons qu'on met les poids du Vaiſſeau ſi bas, que ſon centre de gravité ſe trouve au point E de la ligne verticale G C E. Je dis que l'équilibre des priſmes A E C G, B E C G ſera le même.

Démonſtr. Puiſque le poids C fait le même effet ſur les priſmes A E C G, B E C G, ſoit qu'il ſoit au point C, ou au point E [b] ; s'il tient les priſmes A E C G, B E C G en équilibre, quand il eſt au point C, il les tiendra de même, quand il ſera au point E. Ce qu'il &c.

[b] Supp. 2.

Corollaire.

Pour avoir le centre de gravité d'un Vaiſſeau, il faudra chercher le centre de gravité de l'eſpace qu'il occupe dans l'eau, & on aura la verticale où ſe doit trouver le centre de gravité du Vaiſſeau, qu'on trouvera enſuite de la maniere que nous expliquerons dans la ſeconde partie de cet ouvrage.

§ II.

D'où vient la force du Vaiſſeau pour porter la voile.

Figure 48.

Soit le Vaiſſeau A d'une figure parfaitement ſphérique, le centre de ſa figure A, ſon centre de gravité B, ſa flotaiſon C D, qui n'eſt rien autre choſe que le plan qui diviſe la partie du Vaiſſeau, qui eſt dans l'eau, de celle qui eſt hors de l'eau. Soit encor le

mât

mât du Vaiſſeau B A F ; on pourra faire les réfléxions ſuivantes.

Propoſition 111.

Si quelque Puiſſance F fait pancher le Vaiſſeau, en portant le point F au point G ; le point A ſera le centre du mouvement par lequel le Vaiſſeau s'inclinera.

Démonſtr. Puiſque le Vaiſſeau aprés s'être incliné, n'occupe pas plus d'eſpace dans l'eau qu'auparavant ; la flotaiſon C E D reſtera également éloignée du point A ; donc la ligne A E reſtera la même ; donc le Vaiſſeau en s'inclinant tournera autour du point A. Ce qu'il &c.

Remarque.

Il eſt vrai que la Puiſſance qui fait pancher le Vaiſſeau, le fait quelquefois enfoncer davantage : mais cela ne change rien à la propoſition, parceque le premier effort de la Puiſſance F eſt ſuppoſé avoir mis le Vaiſſeau à la flotaiſon C E D, en commençant de le faire pancher.

Propoſition 112.

Tout le poids du Vaiſſeau réſiſte à la Puiſſance qui le fait pancher en portant ſon point F au point G.

Démonſtr. Tout le poids du Vaiſſeau agit comme s'il étoit réüni au point B qui eſt ſon centre de gravité, pour empêcher que le même point B ne monte vers H ; mais la Puiſſance F portant le point F au point G, fait monter le point B vers H : donc tout le poids du Vaiſſeau agit contre la Puiſſance qui porte le point F au point G. Ce qu'il &c.

Propoſition 113.

La force de la Puiſſance F à l'égard du poids B, croît en même raiſon que la ligne F A à l'égard de la ligne A B.

Démonſtr. La force de la Puiſſance F à l'égard du poids B, croît en même raiſon que ſa vîteſſe à l'égard de la vîteſſe du poids B [a] : donc elle croît en même raiſon que F A à l'égard de A E. Ce qu'il &c.

[a]
Supp. 6.

Corollaire.

Si on ſuppoſe que la Puiſſance F eſt une voile pouſsée par le vent, la force qu'aura le poids B pour empêcher que le Vaiſſeau ne panche du côté que le vent le pouſſe, eſt appellée *la force du Vaiſſeau pour porter la voile.* Ainſi on peut définir la force du Vaiſſeau pour porter la voile ; *la force qu'a le poids du Vaiſſeau pour réſiſter à la voile qui tend à le faire pancher à bas-bord, ou à ſtribord.*

G   *Corol*

Corollaire 2.

Le produit du poids du Vaiſſeau par la ligne AB, peut toûjours exprimer la force du Vaiſſeau pour porter la voile.

Corollaire 3.

Si on met un poids nouveau au point I du Vaiſſeau ſous le point B, on augmentera de deux chefs la force qu'il a pour porter la voile. 1. Parce qu'on augmentera le poids du Vaiſſeau. 2. Parce qu'on augmentera la ligne AB. Si on met le nouveau poids au point B, on augmentera la force du Vaiſſeau pour porter la voile, parce qu'on augmentera ſon poids ſans diminuër la diſtance AB. Si on met le nouveau poids au deſſus du point B, on augmentera la force du Vaiſ. ſeau pour porter la voile en augmentant ſon poids ; mais auſſi on la diminuëra, en diminuant la ligne AB ; car on avancera le centre de gravité vers le point A.

Propoſition 114.

Si on met qùelque nouveau poids au point A, on n'augmente, ni diminuë la force du Vaiſſeau pour porter la voile.

Démonſtr. Quand on met le nouveau poids au point A, on fait venir le centre de gravité, du point B au point L ; de ſorte que le poids du Vaiſſeau eſt au poids nouveau, comme AL à LB [a]: donc le poids du Vaiſſeau eſt à la ſomme du poids du Vaiſſeau & du nouveau poids, comme AL à AB, & parconſéquent le produit du poids du Vaiſſeau par AB, ou la force qu'il avoit pour porter la voile, eſt égal au produit de la ſomme des poids par AL, ou à la force qu'a le Vaiſſeau pour porter la voile, aprés qu'on lui a ajoûté le nouveau poids. Ce qu'il &c.

§. III.

Trouver la force du Vaiſſeau pour porter la voile, en lui ajoûtant, ou en lui ôtant un poids.

Propoſition 115.

LEs mêmes choſes étant ſuppoſées : tirons les lignes HLG perpendiculaires ſur la verticale BAL. Si nous mettons deux nouveaux poids égaux G, H également éloignez du point L ; ils agiront comme s'ils étoient au point L.

Démonſtr. Puiſque les poids G, H ſont égaux, & également éloignez du point L, leur centre de gravité ſera le même point L [b] ; donc ils agiront comme s'ils étoient réünis au point L [c]. Ce qu'il &c.

Propoſition

Propoſition 116.

Les mêmes choſes étant ſuppoſées ; ſi le poids G eſt plus éloigné du point L, que le point H, le Vaiſſeau panchera du côté de G.

Démonſtr. Puiſque les poids G, H ſont égaux, le milieu de la ligne GH ſera leur centre de gravité ; mais puiſque GL eſt plus grande que LH, le milieu eſt quelque point N entre G, & L ; donc le centre de gravité des poids G, H, ſera le point N ; donc le centre de gravité du Vaiſſeau, & des nouveaux poids, ſera dans la ligne BN comme O [d] ; donc la ligne AO deviendra verticale [a] ; donc le Vaiſſeau panchera du côté du point G. Ce qu'il &c.

Méc. [d]

Méc. [a]

Propoſition 117.

Les mêmes choſes étant ſuppoſées ; ſi on diſpoſe toûjours les mêmes poids de telle maniere que leur centre de gravité ſoit le même point N : le Vaiſſeau panchera toûjours de la même maniere.

Démonſtr. Puiſque le même point N eſt le centre de gravité des deux mêmes poids, le même point O eſt le centre commun de gravité pour le poids du Vaiſſeau, & pour les deux autres ; donc la même ligne AO devient verticale ; donc le Vaiſſeau panche de la même maniere. Ce qu'il &c.

Propoſition 118.

Si le centre de gravité des mêmes poids G, H, eſt dans le point P plus éloigné du point L, que le point N ; le Vaiſſeau panchera plus. Tirons PB, & enſuite OR parallele à LP.

Figur. 50.

Démonſtr. Puiſque le point O eſt le centre de gravité du poids du Vaiſſeau, & des poids G, H, lorſque le centre de gravité de ceux-cy eſt le point N : le poids du Vaiſſeau eſt aux poids G, H, comme NO à OB [b], ou comme PR à RB ; donc ſi P eſt le centre de gravité des poids H, G, le point R ſera le centre de gravité commun au poids du Vaiſſeau, & aux poids H, G : donc la ligne AR deviendra verticale ; donc le Vaiſſeau panchera plus. Ce qu'il &c.

Méc. [b]

Propoſition 119.

Suppoſons encore que le point N eſt le centre de gravité des poids G, H : la ligne NL eſt la moitié de la difference qui eſt entre HL, & GL. Faiſons GP égale à HL : alors PL ſera la difference des lignes HL, & GL.

Démonſtr. Puiſque GP eſt égale à LH, & que GN eſt égale à HN ; les lignes PN, & LN ſont égales ; donc LN eſt la moitié de la ligne PL. Ce qu'il &c.

G ij　　　　Propoſi

Propoſition 120.

Si les poids G, & H ſont égaux, & qu'on éloigne autant le poids G du point G, que le poids H du point H en des ſens contraires, ils n'en feront pas plus pancher le vaiſſeau.

Démonſtr. Puiſque les poids G, H ſont égaux, leur centre de gravité ſera toûjours au milieu de leur diſtance ; donc ſi on les éloigne également des points où ils ſont, en des ſens contraires, leur centre de gravité N demeurera le même, & la ligne A O verticale ſera la même[c], & le Vaiſſeau panchera de même maniere. Ce qu'il &c.

[c] Prop.117.

Propoſition 121.

Figur. 51.   Les mêmes choſes étant ſuppoſées : tirons L M perpendiculaire ſur B A L. Si on met le nouveau poids M au point M ; le Vaiſſeau panchera du côté du point M, & ſi on connoit les lignes B A, B L, L M : on connoîtra le poids du Vaiſſeau. Faiſons que le point N ſoit le centre de gravité du poids M & du poids du Vaiſſeau : alors la ligne A N deviendra verticale, & le Vaiſſeau panchera de l'angle B A N qu'on trouvera ſans peine avec un Niveau.

Démonſtr. Dans le triangle rectangle B L M dont on connoit B L, & L M, on connoîtra l'angle L B M, & la ligne B M ; de-même dans le triangle A B N dont on connoit A B, & les angles A B N, B A N, on connoîtra B N : mais B N eſt à B M, comme le poids M à la ſomme du poids du Vaiſſeau & du poids M ; donc on connoîtra le poids du Vaiſſeau. Ce qu'il &c.

Propoſition 122.

Les mêmes choſes étant connuës, on trouvera l'angle B A N pour tous les lieux où on voudra mettre le poids M, ſur la ligne L M.

Démonſtr. En quelque lieu qu'on mette le poids M, on connoîtra B M[a] ; mais B N aura toûjours une même raiſon à B M ; donc on connoîtra auſſi B N, & on réſoudra le triangle A B N, dont on connoîtra les lignes A B, B N, avec l'angle A B N; donc on aura l'angle B A N. Ce qu'il &c.

[a] Précéd.

Propoſition 123.

Les mêmes choſes étant ſuppoſées, on connoîtra l'angle B A N pour tous les poids qu'on voudra mettre aux points M.

Démonſtr. Puiſque par le premier angle B A N qu'on connoit avec un niveau, on trouve le poids du Vaiſſeau ; on trouvera la raiſon du poids du Vaiſſeau au poids M ; & parconſéquent la raiſon de B M à B N ; donc on connoîtra B N ; donc[a] on connoîtra les

[a] Précéd.

les angles B A N , pour tous les poids , & pour tous les points M.
Ce qu'il &c.

Proposition 124.

Si au lieu de connoître la ligne A B, on connoit le poids du Vaisseau ; on trouvera la ligne A B par le moien du poids M , & tous les angles B A N pour tous les poids, & pour tous les points M.

Démonstr. Par la résolution du triangle B L M, on trouve l'angle L B M, comme dans les précédentes, avec la ligne B M ; aprés quoi on fait B M à B N, comme la somme du poids du Vaisseau, & du poids M au poids M : ce qui donne B N. Ensuite aiant trouvé l'angle B A N avec un niveau, on résout le triangle B N A pour avoir B A , & tout le reste, comme dans les propositions précédentes. Ce qu'il &c.

Proposition 125.

Si au lieu de mettre le poids M au point M , on en ôte un poids connu ; le Vaisseau panchera du côté opposé, & on fera les mêmes raisonnemens que dans les précédentes. Tirons M B. Figur. 52.

Démonstr. Si on fait M B à B N , comme le poids du Vaisseau au poids M, on trouvera la ligne B N qu'il faut mettre au delà du point B ; donc on trouvera la verticale A N, & tout le reste comme dans les propositions précédentes. Ce qu'il &c.

Proposition 126.

Soit qu'on ajoûte, ou qu'on ôte le poids M, le Vaisseau pourra pancher de la même maniere, quoiqu'on change le poids du Vaisseau ; pourveu qu'on change la distance des centres A B. Tirons P O parallele à A N, ensorte que le poids M soit au poids du Vaisseau, comme B P à P M, si on ajoûte le poids , ou si on l'ôte, comme B P à B M.

Démonstr. Puisque B P est à P M, ou B P à B M, comme le poids M au poids du Vaisseau , la ligne O P sera verticale [a] , & l'angle de l'inclination du Vaisseau sera le même ; pourveu que le centre de la figure A soit au point O, ou pourveu qu'on change la distance A B des centres. Ce qu'il &c.

[a] Prop. 117.

Corollaire.

Le poids M qui fait pancher le Vaisseau, ne fera pas connoître la distance des centres A B, ni le poids du Vaisseau , si on ne connoit déja l'un ou l'autre.

Propoſition 127.

Si on connoit les lignes BL , LM , & l'angle B A N dont le poids connu M qu'on a ôté , fait pancher le Vaiſſeau ; on connoîtra le produit du poids du Vaiſſeau , multiplié par la diſtance des centres A B. Prenons O B à diſcretion pour la diſtance des centres , & aiant tiré O P de ſorte que l'angle B O P ſoit égal à l'angle donné B A N , faiſons B P à B M , comme le poids M , au poids du Vaiſſeau , nous trouverons le poids que devroit avoir le Vaiſſeau , afin que le poids M le fît pancher à l'angle B O P , ſi le point O étoit le centre de ſa figure [a]. Je dis que le produit de ce poids ſuppoſé du Vaiſſeau , multiplié par la ligne O B , eſt égal au produit du vrai poids du Vaiſſeau , multiplié par la vraie diſtance des centres A B.

[a]
Précéd.

Démonſtr. Puiſque M B eſt à B N , comme le vrai poids du Vaiſſeau eſt au poids M qu'on ôte : & M B à B P , comme ſon poids ſuppoſé , au poids M : le produit du vrai poids par B N eſt égal au produit du poids ſuppoſé , par B P ; mais A B eſt à B O , comme B N eſt à B P ; donc le produit du vrai poids par A B , eſt égal au produit du poids ſuppoſé , par B O. Ce qu'il &c.

Corollaire.

Si on connoit le centre de gravité du Vaiſſeau , on connoit aiſément la force qu'il a pour porter la voile , qui n'eſt rien autre choſe que le produit du poids du Vaiſſeau par la diſtance des centres A B.

Propoſition 128.

Fig. 53.

Si on connoit le poids du Vaiſſeau , & le centre A de ſa figure , on connoîtra ſon centre de gravité. Aiant tiré L M perpendiculaire ſur A L , mettez un poids connu au point M , & voyez avec un niveau l'angle dont le Vaiſſeau panche , & vous aurez l'angle B A N. Tirons M P parallele à A N.

Démonſtr. Puiſque P A eſt à B A , comme M N à N B , ou comme le poids du Vaiſſeau , au poids M ; le produit du poids M par A P étant diviſé par le poids du Vaiſſeau , donnera la ligne B A. Ce qu'il &c.

Propoſition 129.

Figur. 54.

Si le poids M eſt fixe au point M de la ligne D M , il fera moins pancher le Vaiſſeau , que s'il étoit ſuſpendu par la chaine fléxible D M attachée au point fixe D du Vaiſſeau. Faiſons B N à N M , comme le poids M au poids du Vaiſſeau , & tirons N E parallele à D M , elle coupera B D au point E ; tirons A N , A E.

Démonſtr.

Démonſtr. Puiſque la chaîne D M eſt fléxible, le poids M qu'elle
ſuſpend, fait le même effet ſur le point D, que s'il y étoit fixe :
mais s'il y étoit fixe, la ligne A E deviendroit verticale, parceque le
point E feroit le centre de gravité du poids du Vaiſseau, & du
poids M : donc ſi le poids M eſt ſuſpendu par la chaîne fléxible D M,
la ligne A E ſera verticale : mais ſi le poids M eſt fixe au point M,
la ligne A E ne ſera pas verticale, mais ſeulement la ligne A N :
donc le poids M fera plus pancher le Vaiſseau, s'il eſt fixe au point M,
que s'il eſt ſuſpendu par la chaîne fléxible D M. Ce qu'il &c.

§. IV.

*Trouver la force du Vaiſſeau pour porter la voile, par la maniere
dont une Puiſſance extérieure le fait pancher.*

Propoſition 130.

Aiant ſuppoſé les mêmes choſes que dans la propoſition 111. Figure 55.
Si le poids M eſt ſuſpendu au bout de la corde M D F, qui
aiant paſsé par la poulie fixe D, va ſaiſir le point F du mât : ſi deplus le poids M ainſi ſuſpendu tient le Vaiſseau panché à l'angle CAL,
& que la ligne D F ſoit perpendiculaire ſur A F : je dis que la force
du poids M par rapport au Vaiſseau qu'il tient panché, eſt égale à la
force d'un poids égal L ſuſpendu par la verticale C L de telle maniere que A L perpendiculaire ſur L C ſoit égale à A F. Faiſons que
le poids M tire le mât A C ſur A H, & que l'angle CAH ſoit infiniment petit ; puis décrivons du point A l'arc C H, & tirons H E
perpendiculaire ſur C L. Nous trouverons que C E ſera la vîteſse
du poids L, & que F G eſt la vîteſse du poids M ; il faut donc prouver que F G eſt égale à C E, & parconſéquent que les vîteſses des
deux poids égaux étant égales, leurs forces le ſont auſſi.

Démonſtr. Puiſque l'angle CAH eſt infiniment petit, l'angle
A C H eſt droit, & parconſéquent F G eſt parallele à C H : donc
F G eſt à C H, comme A F à A C, ou comme A L à A C, ou comme le ſinus complement de l'angle CAL au ſinus total : mais dans
le triangle rectangle CEH, la ligne C E eſt auſſi à la ligne C H,
comme le ſinus complement de l'angle HCE égal à l'angle CAL,
au ſinus total ; donc la ligne F G eſt à la ligne CH, comme la ligne C E à la ligne C H, donc les lignes F G, & C E ſont égales.
Ce qu'il &c.

Remarque.

Comme dans la ſuite de ce traité, je me ſervirai ſouvent des quantitez
infiniment petites ; il faut que je reduiſe la maniere de raiſonner par

les

les grandeurs infiniment petites à ſes premiers principes. Dans la propoſition précédente je devois prouver que les lignes F G, C E ſont
égales, & je pouvois faire ce raiſonnement ; ces deux lignes ſont é-
gales qui ont une même raiſon à une troiſiéme C H ; mais les lignes
F G, C E ont une même raiſon à C H. Pour prouver enſuite que
C E eſt à C F, comme le ſinus complement de C A L eſt au ſinus total, j'aurois dit qu'il n'eſt point d'autre ſinus aſſignable qui ne ſoit
plus ou moins au ſinus total, que C E à C H, & je l'aurois prouvé
en faiſant l'angle C A H autant petit, qu'il auroit été néceſſaire afin
que l'angle C H E approchât plus du complement de l'angle C A B,
que l'angle du ſinus aſſigné. De-même j'aurois prouvé que F G eſt
à C H, comme A F à A C, parce qu'il n'y a nulle grandeur aſſignable dont il faille augmenter, ou diminuër F G, afin qu'elle ſoit à
C H, comme A F à A C, & je l'aurois prouvé en faiſant l'angle
C A H ſi petit, qu'on n'auroit pas pû ajoûter ou ôter la quantité aſſi-
gnée, ou ſa proportionnelle à la ligne F G, ſans qu'elle eût plus ou
moins de raiſon à F H, que B F à A C. J'aurois ainſi démontré ma
propoſition d'une maniere ſolide, & receuë de tous les Anciens, &
qui ſe reduit à celle que j'ai employée, & que j'employerai dans la
ſuite, parce qu'elle eſt plus courte, & plus claire.

Propoſition 131.

Figur. 56.　Si la ligne D F n'eſt pas perpendiculaire ſur A F. Faiſons A L à
A N, comme le ſinus total au ſinus de l'angle D F C ; la force du
poids M ſera égale à la force d'un poids égal N ſuſpendu au mât
par la verticale N P. Du point A comme centre décrivons l'arc F G,
& la ligne G H, de ſorte que G D, D H ſoient égales ; alors F H
ſera la vîteſſe du poids M, & elle ſera perpendiculaire ſur G H ; parceque l'angle G D H eſt infiniment petit : je dis donc que F H eſt
égale à la vîteſſe du poids N.

　　Démonſtr. La vîteſſe du poids L eſt à la vîteſſe du poids N, comme A C à A P, ou comme A L à A N, ou comme le ſinus total au
ſinus de l'angle D F C [a] : mais la vîteſſe F G eſt égale à la vîteſſe du
poids L [b] ; donc F G eſt à la vîteſſe du poids N, comme le ſinus total au
ſinus de l'angle D F C. D'ailleurs dans le triangle rectangle F H G,
l'angle H G F eſt le complement de l'angle H F G, & parconſéquent,
il eſt égal à l'angle D F C ; donc la ligne F G eſt à la vîteſſe F H du
poids M, comme le ſinus total au ſinus de l'angle D F C ; donc la
ligne F G eſt à la vîteſſe du poids N, comme à la vîteſe du poids
M ; donc les vîteſſes de ces deux poids égaux ſont égales, & parconſéquent, leurs forces ſont auſſi égales. Ce qu'il &c.

Propoſition 132.

Si on décrit un demi-cercle ſur A F, la ligne D F qui étant pro-
longée le coupera au point O, donnera A O égale à A N.

Démonſtr. Puiſque l'angle O eſt droit, & l'angle A F O égal à
l'angle D F C, nous aurons A F à A O, comme le ſinus total au ſinus de l'angle D F C, ou comme A F à A N : donc A O eſt égale à
A N. Ce qu'il &c.

Propoſition 133.

Si le poids N tient le Vaiſſeau panché à l'angle P A N, il a la même raiſon au poids du Vaiſſeau, que A B à A P, en ſuppoſant que
les directions des graves ſont paralleles, ce qui ne change gueres la
propoſition.

Démonſtr. Puiſque les poids B & N ſuſpendus aux bouts du levier B A C dont le joug eſt A, ſont en équilibre, ils ſont en raiſon
réciproque des diſtances A B, A P. Ce qu'il &c.

Propoſition 134.

Si on connoit la ligne A C, on pourra avec le poids M, connoître la force du Vaiſſeau pour porter la voile. *Figur. 55. 56.*

Démonſtr. Puiſque le poids du Vaiſſeau eſt au poids M, comme
la ligne A C à la ligne A B [a] ; ſi on multiplie le poids M par la ligne
A C, on aura le produit du poids du Vaiſſeau par la diſtance A B
des centres, ou la force du Vaiſſeau pour porter la voile [b]. Ce
qu'il &c.

[a] Précéd.

[b] Pr. 113. Cor. 2.

Propoſition 135.

Si on connoit les lignes A B, A F, on connoîtra le poids du Vaiſſeau par le moyen du poids M.

Démonſtr. Puiſqu'on connoit la ligne A F, on connoîtra la ligne
A C [c] : donc en multipliant le poids M par A C, & diviſant le produit par A B, on aura le poids du Vaiſſeau [d]. Ce qu'il &c.

[c] Prop. 130.

[d] Précéd.

Propoſition 136.

Si on connoit le poids du Vaiſſeau, & la ligne A C, on trouvera la
diſtance A B des centres.

Démonſtr. Multiplions le poids M par la ligne A C, & diviſons le produit, par le poids du Vaiſſeau, & le quotient donnera la ligne A B [a]. Ce qu'il &c.

[a] Précéd.

H

Propofition 137.

Figur. 55.   La ligne B F demeurant la même , le même poids M pourra faire pancher également le Vaiſſeau , quoiqu'on diminuë la force qu'il a pour porter la voile. Suppoſons qu'on met le centre de ſa figure au point R , & tirons l'horizontale R S égale à R F , & la verticale S T , & diminuons le poids du Vaiſſeau de ſorte qu'il ſoit au poids M , com-
b
Prop. 133.   me T R à R B : alors [b] le poids M tiendra le Vaiſſeau panché comme avant les changemens que nous venons de faire ; il faut donc montrer que la force du Vaiſſeau pour porter la voile ſera moindre qu'auparavant.

Démonſtr. Puiſque le poids M eſt au poids du Vaiſſeau , comme B R à R T , le produit du poids M par R T , ſera égal au produit du poids du Vaiſſeau par B R ; donc il exprimera la force du Vaiſſeau pour porter la voile : mais le produit du poids M par R T , eſt moindre que le produit du poids M par A C , qui exprimoit la force du Vaiſſeau pour porter la voile avant les changemens : donc la force du Vaiſſeau pour porter la voile eſt moindre qu'avant les changemens. Ce qu'il &c.

Corollaire.

Si on ne connoit que la ligne B F , on ne trouvera pas la force du Vaiſſeau pour porter la voile , en le faiſant pancher avec le poids M.

Remarque.

Quand on connoit le centre de gravité du Vaiſſeau , on ſe ſert du §. précédent pour trouver la force qu'il a de porter la voile ; mais quand on connoit le centre de ſa figure on ſe ſert du préſent.

Propofition 138.

En joignant la maniere dont nous avons trouvé la force du Vaiſſeau pour porter la voile , dans le §. précédent , à celle dont nous nous ſervons ici , nous trouverons la force du Vaiſſeau pour porter la voile , ſans connoître ni le point A , ni le point B , ni le poids du Vaiſſeau ; mais pour le faire d'une maniere plus cour-
Figur. 57. te , employons y le calcul. Faiſons donc $AB = z$, $BF = x$, $FM = a$, le poids $M = b$, le ſinus total $= c$, le ſinus de l'angle $BAN = d$, le ſinus complement de l'angle $CAL = f$, le ſinus de
a
Conſtruc.
de la Fig. l'angle $BNA = g$. Nous trouverons [a] $BM = \sqrt{xx + aa}$, $BN = \dfrac{dz}{g}$, & $AC = \dfrac{xc - cz}{f}$. Faiſons encore $BM = y$.

Démonſtr.

Démonſtr. Puiſque le point N eſt le centre du poids M, & du poids du Vaiſſeau, nous trouverons M N à B N, comme le poids du du Vaiſſeau, au poids M : donc le poids du Vaiſſeau ſera $\frac{byg - bdz}{dz}$ donc [b] en le multipliant par A B, nous aurons la force du Vaiſſeau pour porter la voile $= \frac{byg - bdz}{d}$. D'ailleurs [c] ſi on multiplie le poids M par A C, on a la même force du Vaiſſeau pour porter la voile : donc elle eſt $= \frac{bxc - bcz}{f}$: donc $\frac{bgy - bdz}{d} = \frac{bcx - bcz}{f}$, ou $fgy = dcx + fdz - dcz$: donc en remettant la ligne B M, ou $V\overline{xx + aa}$ à la place de y, & quarrant les deux termes de l'équation, & les tranſportant du même côté nous ferons $ddccxx - ffggxx - 2ddfczx - 2ddcczx + ddffzz - 2ddcfzz + ddcczz - ffggaa = 0$: donc ſi nous prenons la valeur de z, à diſcretion, nous ferons $xx. px. q = 0$: donc nous trouverons la valeur d'x, ou la ligne B F, & par conſéquent la force du Vaiſſeau pour porter la voile. Ce qu'il &c.

[b]
Prop. 227.
[c]
Prop. 134.

Propoſition 139.

Si quelque Puiſſance H dont la direction eſt l'horizontale H F, poußant le point F du mât A F, tient le Vaiſſeau panché à l'angle F A L : la Puiſſance H ſera au poids M qui étant ſuſpendu par la corde F M tiendroit le Vaiſſeau panché au même angle, comme le ſinus de l'angle A F L à ſon ſinus complement. Faiſons encore pancher le Vaiſſeau de l'angle infiniment petit F A D, & tirons D E, A L perpendiculaires ſur F M. Alors F E ſera la vîteſſe du poids M, & E D celle de la Puiſſance H.

Démonſtr. Puiſque la Puiſſance H, & le poids M font équilibre avec le même Vaiſſeau, ils ont une même force ; donc le produit de la Puiſſance H par ſa vîteſſe E D, eſt égal au produit du poids M par ſa vîteſſe F E ; donc la Puiſſance H eſt au poids M, comme réciproquement la vîteſſe F E à la vîteſſe E D, ou comme le ſinus de l'angle E D F égal à l'angle A F L, au ſinus A F D complement de l'un, & de l'autre. Ce qu'il &c.

§. V.

Comment le Vaiſſeau ſe plonge davantage quand on le fait pancher.

Propoſition 140.

SI le Vaiſſeau panche parce qu'on met plus de ſon poids d'un côté que de l'autre, il ne ſe plonge pas plus.

H ij   *Dém*

Fig. 58.

Démonſtr. Le Vaiſſeau ſe plonge également , quand il eſt également chargé : mais quand on met plus de ſon poids d'un côté que de l'autre , il reſte également chargé ; donc il ne ſe plonge pas plus. Ce qu'il &c.

Propoſition 141.

Si on fait pancher le Vaiſſeau en lui ajoûtant un poids , ou en lui en ôtant un ; on le fait plus , ou moins plonger.

Démonſtr. L'eſpace qu'occupe le Vaiſſeau dans l'eau croît , ou décroît à meſure qu'on lui ajoûte , ou qu'on lui ôte de ſon poids : donc ſi on le fait pancher en lui ajoûtant un poids on le fait plus plonger , & ſi on le fait pancher en diminuant ſon poids , on le fait moins plonger. Ce qu'il &c.

Propoſition 142.

Figur. 59.   Si on fait pancher le Vaiſſeau par le poids extérieur M ſuſpendu par la corde verticale F M : on fait enfoncer le Vaiſſeau comme ſi le poids M étoit au point A du Vaiſſeau. Faiſons plonger le Vaiſſeau de la longueur A A , & tirons F G parallele à A A.

Démonſtr. La vîteſſe du poids M ſera la ligne F G égale à la ligne A A ; donc il aura autant de vîteſſe , & par conſéquent autant de force pour faire plonger le Vaiſſeau , que s'il étoit au point A. Ce qu'il &c.

Propoſition 143.

Si le poids M qui fait pancher le Vaiſſeau , eſt ſuſpendu par la corde M D F qui paſſe par la poulie fixe D deſſous l'horizontale F N , ſa force pour faire plonger le Vaiſſeau , ſera à celle qu'il avoit étant ſuſpendu par la verticale F M , comme le ſinus complement de l'angle D F M au ſinus total. Du point D à la diſtance D G décrivons l'arc G H infiniment petit , afin que la ligne G H ſoit perpendiculaire ſur H F.

Démonſtr. Quand le Vaiſſeau ſe plongera de la ligne A A , le poids M deſcendra de la ligne F H : donc ſa vîteſſe ſera à celle qu'il auroit , s'il étoit au point F , comme F H à F G , ou comme le ſinus complement de l'angle G F H au ſinus total. Ce qu'il &c.

Propoſition 144.

Figur. 60.   Si la corde F L fixe au point L tient le Vaiſſeau panché , elle le fera plonger , comme ſi on mettoit au point F un nouveau poids , qui ſeroit au poids du Vaiſſeau , comme B A eſt à A F ; pourveuque

la

la corde F L soit verticale. Faisons plonger le Vaisseau de la ligne A A infiniment petite ; son centre de gravité B descendra d'abord au point D, & parceque la corde L H ne sera pas aussi longue que L F, le Vaisseau se redressera de sorte que le point H viendra au point G, & le point D au point E. Tirons l'horizontale D C, & la verticale E C.

Démonstr. Puisque l'angle G L F est infiniment petit, la ligne G F est perpendiculaire sur la verticale F L ; donc elle est parallele à D C, comme F H est parallele à C E : donc les triangles D C E, G F H sont semblables ; donc C E est à F H, comme D E à G H, ou comme E A à A G [a], ou comme le poids F au poids du Vais-seau [b] : donc le produit du poids du Vaisseau par C E est égal au produit du poids F par F H : donc le produit du poids du Vaisseau par A A, & par C E, est égal au produit du poids du Vaisseau, & du poids F par A A ; donc la force du Vaisseau pour se plonger est égale à celle qu'il auroit, si on lui ajoûtoit le poids F qui seroit au poids du Vaisseau, comme B A à A F. Ce qu'il &c.

[a] 4. 6. Euc.
[b] Supp.

Proposition 145.

On trouvera de même que si la corde F D M est fixe au point M, elle fera plonger le Vaisseau, comme quand elle est tirée par le poids M.

Figur. 59.

Proposition 146.

Si la poulie fixe D est dans la ligne A F, le poids M soulevera le Vaisseau, comme si on lui ôtoit un poids qui seroit au poids M, comme le sinus de l'angle F A L au sinus total. Faisons plonger le Vaisseau de la longueur F G infiniment petite, & aiant décrit l'arc F H du point D, la ligne G H sera la vîtesse dont le poids M montera.

Fig. 61.

Démonstr. La force du poids M, pour empêcher que le Vaisseau ne se plonge, est égale à son produit par sa vîtesse G H, & la force qu'auroit un poids dans le Vaisseau pour le faire plonger, seroit le produit de ce poids par la vîtesse F G ; donc afin que le poids M contre-balance ce poids, il faut que le poids M soit à ce poids, comme réciproquement F G à G H, ou comme le sinus total au sinus de l'angle G F H égal à l'angle F A L. Ce qu'il &c.

Proposition 147.

On montrera de même que si la ligne D F fait avec F A l'angle obtus D F A, il faudra ajoûter son supplement à l'angle F A L, pour avoir l'angle G F H, & ne rien changer au reste de la propo-sition.

H iij   *Corol*

Corollaire.

Quand une Puiſſance H dont la direction eſt horizontale, fait pancher le Vaiſſeau, elle ne le fait pas plonger.

§. VI.

Application des mêmes régles au Vaiſſeau terminé de ſurfaces planes.

Propoſition 148.

Figur. 62. SOit un Vaiſſeau de figure cubique dont la flotaiſon ſoit A B ; ſi quelque Puiſſance le fait pancher ; le centre du mouvement par lequel il panchera, ſera le milieu C de ſa flotaiſon. Faiſons venir le Vaiſſeau à la flotaiſon D E qui coupe A B au point H ; je dis que le point H eſt le même que le point C. On ſuppoſe toûjours que le Vaiſſeau en panchant ne ſe plonge pas plus.

Démonſtr. Puiſque l'eſpace que le Vaiſſeau occupe avec la flotaiſon A B, eſt égal à l'eſpace qu'il occupe avec la flotaiſon D E, les priſmes H A D, H B E ſont égaux ; & parce qu'ils ont la même hauteur, leurs baſes H A D, H B E ſont égales ; mais elles ſont équiangles, donc elles ſont égales en tout ſens : donc la ligne A H eſt égale à la ligne H B ; donc le point H eſt le même que le point C. Ce qu'il &c.

Propoſition 149.

Figure 63. On prouvera la même choſe de tous les parallelipipedes, ou priſmes, ou cilindres, rectangles & obliques.

Propoſition 150.

Figur. 64. Si la baſe inférieure du Vaiſſeau eſt plus étroite, que la ſupérieure : imaginons un globe qui touche les plans A D, B E aux points A, B : ſon centre F ne ſera pas le centre du mouvement par où le Vaiſſeau panchera. Du point F décrivez l'arc C M, & tirons la ligne D E qui le touche au point M, & qui coupe A B au point H.

Démonſtr. Puiſque les lignes A B, L I ſont également éloignées du centre F, les triangles H L A, H I B ſont égaux en tout ſens [a], & les angles I B E, L A D égaux : donc ſi on fait l'angle A L N égal à l'angle B I E qui eſt moindre que l'angle obtus A L D ; le point N tombe entre A & D, & les triangles A L N, B I E ſont égaux : donc le triangle A L D eſt plus grand que le triangle B H E : donc ſi le Vaiſſeau paſſoit de la flotaiſon A C B à la flotaiſon D M E, il ſe plongeroit plus qu'il ne convient ; donc quand le Vaiſſeau panchera

Eucl. [a]

le

le centre de ſon mouvement ne ſera pas le point F. Ce qu'il &c.

Corollaire.

Le Vaiſſeau en panchant tournera autour de quelque point plus haut que le point F ; afin que la flotaiſon D E ſoit un peu plus bas.

Propoſition 151.

Si la baſe inférieure du Vaiſſeau eſt plus large que la baſe ſupé- Figur. 65. rieure, on trouvera de même que le mouvement par lequel il tour‑ nera, ſera plus bas que le centre F.

Propoſition 152.

Reprenons le Vaiſſeau dont la baſe inférieure eſt moins large que Figur. 66. la ſupérieure : je dis que nul point G ne pourra être le centre fixe du mouvement par où le Vaiſseau panche. Du point G à la diſtance G A, décrivez un cercle qui coupera les lignes A M, B O aux points A, B, M, O : & comme il ſe peut toûjours faiſons que le point D ſoit entre A & M : je dis que la veritable flotaiſon D E ſera moins éloignée du point G que la flotaiſon A B, & par conſéquent que le point G n'eſt pas le centre du mouvement par lequel le Vaiſseau paſse de l'une à l'autre.

Démonſtr. Puiſque l'eſpace qui eſt ſous la flotaiſon A B, eſt égal à l'eſpace qui eſt ſous la flotaiſon D E ; les triangles D H A, B H E ſont égaux ; donc le triangle L H A eſt plus grand que le trian‑ gle B H I ; donc la partie L A du cercle eſt plus grande que la partie B I ; donc la ligne L D I eſt plus proche du centre G, que la ligne A B. Ce qu'il &c.

Corollaire.

Si les flotaiſons A B, D E ſont infiniment proches l'une de l'autre, le centre du mouvement du Vaiſseau ſera un point infiniment proche du point F ; mais à meſure que la flotaiſon ſera plus oblique, le cen‑ tre du mouvement s'élevera davantage.

Propoſition 153.

Si la flotaiſon eſt A B, & qu'on veüille faire pancher le Vaiſſeau Figur. 67. juſques à ce que la flotaiſon vienne au point D, on trouvera l'autre point E par où doit paſſer la flotaiſon, en faiſant A E parallele à DB.

Démonſtr. Puiſque D B eſt parallele à A E, nous aurons D O à A O, comme B O à O E ; donc les triangles D O E, A O B ſont égaux [a] ; donc les triangles A H D, B H E ſont auſſi égaux ; donc la ligne D E donne la flotaiſon qui paſse par le point D. Ce qu'il &c.

[a] 15.6. Euc.

Corollaire.

Corollaire.

Fig. 68.   Afin d'avoir le centre commun des flotaisons AB, DE, on fera HN égale à HC, & on tirera la perpendiculaire NO sur ND; NO coupant la perpendiculaire BF au point O, marquera le centre commun O des deux flotaisons : ce qui donne tout ce qu'on peut desirer en cette matiere.

Lemme.

Figur. 67.   Soit DOL la section d'un cone coupé par son axe. Tirons AB perpendiculaire sur l'axe OC, & supposons que DE coupe AB au point H, de telle maniere que les triangles AHD, BHE soient égaux ; je dis qu'un des axes de la section DE est égal à l'axe CG de la section AB. Par le milieu I de la ligne DE tirons KIL parallele à AB, & décrivons le demi-cercle KNL, & du point I tirons la perpendiculaire IN, qui sera le petit axe de la section DE. Tirons encore la perpendiculaire HM sur AB, & elle sera la commune section des sections AB, DE, & une appliquée de l'une & de l'autre. Je dis donc que les axes CG, IN sont égaux.

  Démonstr. Puisque les triangles AHD, BHE sont égaux,

[a] 15. 6. Euc.   AH est à HB, comme réciproquement EH à HD[a] : donc en divisant, AH est à HC, comme EH à HI : donc le rectangle AHB est au quarré AC, comme le rectangle EHD au quarré EI ; donc[b]

[b] Sect. Con. le quarré HM est au quarré GC, comme le quarré HM au quarré IN ; donc le quarré CG est égal au quarré IN. Ce qu'il &c.

Corollaire.

  La section AB est à la section DE, comme AB à DE ; car

[a] Sect. Con. les ellipses sont entr'elles comme les rectangles de leurs axes[a].

Proposition 154.

Figure 68.   Si les triangles DOE, AOB sont égaux, les cones BOE, AOB seront égaux.

  Démonstr. Puisque les triangles DOE, AOB sont égaux ; la base DE est à la base AB, comme réciproquement la hauteur CO à la hauteur OL ; mais l'ellipse DE qui sert de base au cone DOE, est aussi au cercle AB qui sert de base au cone AOB, comme DE

[b] Cor. Préc. à AB[b] ; donc les bases, & les hauteurs des cones DOE, AOB, sont en raison réciproque ; donc ils sont égaux. Ce qu'il &c.

Corollaire.

  Il faudra appliquer aux cones ce que nous avons dit dans les propositions 152. & 153.

§. VII.

§. VII.

Comment en soufflant les Vaisseaux on augmente la force qu'ils ont pour porter la voile.

Proposition 155.

SI on souffle les côtez du Vaisseau avec un bois qui ne pese point, Fig. 69. de telle maniere que le contour extérieur C D ait le même centre A ; le Vaisseau n'en portera pas mieux la voile.

Démonstr. Puisqu'on n'augmente ni le poids du Vaisseau , ni la distance des centres A B ; on n'augmente pas le produit du poids du Vaisseau , par la distance des centres A B ; donc on n'augmentera pas sa force pour porter la voile. Ce qu'il &c.

Proposition 156.

Si en retranchant le bois C G D , on donne au Vaisseau le contour extérieur C G , dont le centre est le point H plus éloigné de B , que le point A ; le Vaisseau en portera mieux la voile.

Démonstr. Puisque le poids du Vaisseau demeurant le même , on augmente la distance des centres A B , on augmentera le produit du poids du Vaisseau par la distance des centres A B , ou sa force pour porter la voile. Ce qu'il &c.

Proposition 157.

On montrera de même que si on retranchoit le bois C D I , pour donner au Vaisseau le contour extérieur I D , dont le centre seroit plus proche du point B , que le point A , on diminueroit sa force pour porter la voile.

Remarque.

Nous supposons en tous ces cas , que la flotaison ne sort pas des arcs D I , C G , C D.

§. VIII.

Ce que la figure ordinaire des Vaisseaux change aux régles précédentes.

Proposition 158.

SI le Vaisseau est sphérique aux environs de la flotaison C D il ne Figur. 70. faut rien changer aux régles précédentes.

Démonstr. Puisque le point A est le centre du contour extérieur du Vaisseau où se trouve la flotaison , il tournera en panchant au-

I tour

tour du point A , comme ſi tout le Vaiſſeau étoit ſphérique : donc
il ne faudra rien changer aux régles précédentes. Ce qu'il &c.

Propoſition 159.

Figur. 71.   Si un Vaiſſeau cylindrique aux environs de ſa flotaiſon , a ſon
axe M D parallele à ſa flotaiſon C C, & que la Puiſſance F le faſſe
pancher à droite , ou à gauche de ſa longueur , ou par des directions
qui ſont dans un plan perpendiculaire à ſon axe , il tournera en panchant autour de ſon axe.

    Démonſtr. Puiſque les directions de la Puiſſance F ſont dans un
plan vertical , elle ne changera rien à l'équilibre des parties A B C M,
A B C D du Vaiſſeau ; donc la flotaiſon reſtera parallele à l'axe ;
mais d'ailleurs le Vaiſſeau reſtant également plongé , ſa flotaiſon reſtera
également éloignée de l'axe ; donc le Vaiſſeau tournera autour de ſon
axe. Ce qu'il &c.

Corollaire.

    La Puiſſance F agira ſur le Vaiſſeau en le faiſant pancher à droite
ou à gauche , comme s'il étoit reduit au cercle vertical B A F ; on
Figur. 72. dira la même choſe du Vaiſſeau Conique.

Propoſition 160.

Figur. 73.   Si la flotaiſon C C n'eſt pas parallele à l'axe M D du Vaiſſeau
cylindrique ; on pourra de même le reduire à l'ellipſe qui eſt faite par
la ſection du plan vertical B A F : mais le centre de ſon mouvement
ne ſera pas préciſément le point A.   Diſons la même choſe du Vaiſ-
Figur. 74. ſeau Conique.

Propoſition 161.

Figur. 75.   Soit un Vaiſſeau A B dont la flotaiſon eſt A H B , & dont les
Gabaris de l'avant & de l'arriere aient le centre D de leur figure plus
élévé , que le centre C du Gabari du milieu ; quand on le fera pancher à droite , ou à gauche de ſa longueur , il ne tournera pas au-
Figur. 76. tour de la ligne D D qui joint les centres D. Faiſons la projection
du Vaiſſeau ſur un plan parallele aux Gabaris, & par des lignes paralleles à la ligne D D, que nous ſuppoſons perpendiculaire aux plans
des Gabaris : & tirons la flotaiſon E F qui touche au point I un arc
dont D eſt le centre, & D H le rayon.

    Démonſtr. Si quand le Vaiſſeau panche il tourne autour de
la ligne D D , il pourra venir à la flotaiſon E F , & alors il ſera

moins

moins plongé que par la flotaiſon A B : car les lignes D I , D H ſont
égales [a] , & la ligne C I eſt plus grande que C H : & par conſéquent
les Gabaris de l'avant & de l'arriere ne ſont pas plus plongez que par
la flotaiſon A B , & le Gabari du milieu eſt moins plongé : donc le
Vaiſſeau ne tournera pas autour de la ligne D D.   Ce qu'il &c.

[a] Conſtruc. de la Fig.

Propoſition 162.

Les mêmes choſes étant ſuppoſées ; le Vaiſſeau ne tournera pas autour d'une ligne E C E parallele à D D.   Tirons E E qui touche au
point L un arc dont C eſt le centre , & dont C H eſt le rayon.

Démonſtr. Puiſque les lignes C H , C L ſont égales , la ligne D L [20. 1. Euc.]
eſt moindre que D H ; donc ſi le Vaiſſeau tournoit autour de la ligne E C E , les Gabaris de l'avant & de l'arriere ſeroient plus plongez que par la flotaiſon A B , & le Gabari du milieu reſteroit également plongé ; donc le Vaiſſeau ſeroit plus plongé qu'il ne convient ;
donc le Vaiſſeau ne tournera pas autour de la ligne E C E.   Ce
qu'il &c.

Corollaire.

Le Vaiſſeau tournera donc autour d'une ligne moyenne entre D D
& E C E.   C'eſt pourquoi le centre du mouvement du Vaiſſeau ſera
entre la ligne qui paſſe par le centre des Gabaris de l'avant , & celle
qui paſſe par le centre des Gabaris du milieu : & parce que ceux-cy
ſont plus grands , le centre du mouvement ſera plus proche de leur
centre.

CHAPITRE TROISIE'ME.

De la figure du Vaiſſeau par rapport au Tangage.

EXPLICATION DU SUJET.

IL n'eſt rien de plus commun que les gros temps à la mer : mais
rien n'eſt plus rare que certains Vaiſſeaux qui ſe joüent des tempê-
tes , & qui ſemblables aux Alcions repoſent doucement au milieu des
vagues redoutables d'une mer courroucée.   La plus-part des Vaiſſeaux
ſont extrémement ſenſibles à la moindre agitation de la mer.   On
voit leur proüe ſe précipiter avec fureur dans le ſein des flots ; & on
diroit à tout moment qu'ils vont ſe perdre dans les abîmes : ils ſe relé-
vent enſuite avec la même violence , mais c'eſt pour retomber un moment aprés plus lourdement : ce qui donne des ſecouſſes inſupporta-
bles aux Paſſagers , & tres-funeſtes aux mâtures les mieux condition-
nées.   La poupe eſt d'ordinaire un peu moins dans l'agitation que la

I ij   proüe :

proüe : elle ne laiſſe pas en pluſieurs Vaiſſeaux de ſentir un mouvement auſſi dangereux.   Elle s'éléve quelquefois au deſſus des houles,
& retombe enſuite avec un bruit qui reſſemble à un coup de tonnerre,
frappant les eaux avec tant de violence, que la voute en eſt ſouvent
enfoncée, & le Vaiſſeau démâté par le contre-coup.   Le Rouli n'eſt
pas ſi violent, mais il n'eſt pas moins à craindre : le Vaiſſeau ſe couche
ſi fort tantôt à droite, tantôt à gauche, que les mâts devenant des
leviers d'une longueur énorme, ne peuvent plus ſoûtenir le poids
éfroyable des vergues & des voiles ; & rompant leurs haubans, ou
leurs chaînes tombent, & écraſent grand nombre de gens ſous leurs
débris, ouvrent quelquefois les Vaiſſeaux, & les laiſſent toûjours à
la merci des flots.   Il eſt donc bien important qu'un Conſtructeur ſoit
inſtruit de tout ce qui peut rendre ſon Vaiſſeau doux à la mer : j'y
travaillerai dans ce chapitre en y examinant tout ce qui peut augmenter, ou diminuër le tangage, & le rouli d'un Vaiſſeau.   On y verra
auſſi comment un Vaiſſeau déja conſtruit peut devenir plus, ou moins
rude à la mer, & on découvrira la cauſe de pluſieurs naufrages qu'on
auroit évité ſans peine, ſi on avoit connu combien une légere cir-
conſtance peut diminuër, ou augmenter l'agitation des Vaiſſeaux.

§. I.

Ce que c'eſt que le Tangage du Vaiſſeau.

Propoſition 163.

Figur. 77.   SOit A B la flotaiſon d'un Vaiſſeau qui eſt à l'ancre lorſque la mer
eſt unie : quand la houle le prendra de l'avant, elle l'élévera.
    Démonſtr.   Si le Vaiſſeau entroit dans la houle B C ſans s'élever,
il occuperoit un trop grand eſpace dans l'eau ; donc il s'élévera.   Ce
qu'il &c.

Propoſition 164.

    Les mêmes choſes étant ſuppoſées ; le Vaiſſeau qui s'éléve ſur la
houle accélére ſon mouvement, juſques à ce qu'il ſoit au haut.
    Démonſtr.   Puiſque la houle éléve ſucceſſivement le Vaiſſeau, elle
lui communique tous les momens un nouveau mouvement plus grand
que celui de ſa peſanteur ; donc elle lui communique plus de mouvement que ſa peſanteur n'en détruit ; donc elle accélére ſon mouvement.   Ce qu'il &c.

Corollaire.

Figur. 78.   Quand la proüe du Vaiſſeau eſt au ſommet A de la houle ; il continuë

tinuë de s'élever par ſon mouvement d'accélération, juſques à ce que ſa peſanteur l'ait détruit. Cependant la houle paſſant de l'arriere préſente enſuite un creux au Vaiſſeau quand il retombe ; de ſorte que le Vaiſſeau accéle re auſſi ſon mouvement en tombant, ce qui le fait enfoncer dans l'eau plus qu'il ne convient. C'eſt pourquoi quand ſon mouvement de chûte eſt détruit, l'eau le repouſſe avec d'autant plus de force, & d'accélération, qu'il s'eſt plus enfoncé en tombant. De là vient que la ſeconde houle éléve plus le Vaiſſeau que la premiere ; & le fait par conſéquent tomber de plus haut. Ainſi les mouvemens par où la proüe du Vaiſſeau s'éléve, & retombe, vont croiſſant ; juſques à ce que le Vaiſſeau en s'élevant au deſſus d'une houle, donne le temps à la ſuivante de ſe gliſſer ſous lui, & le ſoûtenir dans ſa chûte, ce qui interrompt le *Tangage* ; car c'eſt ainſi qu'on appelle les mouvemens d'un Vaiſſeau dont les houles élévent l'avant, & le laiſſent enſuite tomber à diverſes repriſes.

Propoſition 165.

Quand le Vaiſſeau va contre la houle, l'eau pouſſée par le vent le frappe avec plus de force que quand il eſt à l'ancre.

Démonſtr. Puiſque la houle eſt pouſſée contre le Vaiſſeau, en même temps que le Vaiſſeau eſt pouſſé contre la houle : le Vaiſſeau en eſt frappé comme ſi la houle avoit une vîteſſe égale à celle du Vaiſſeau, & à la ſienne contre un Vaiſſeau à l'ancre : donc elle le frappe avec plus de force que s'il étoit lui-même à l'ancre. Ce qu'il &c.

Propoſition 166.

Quand le Vaiſſeau va contre la houle elle l'éléve avec plus de vîteſſe que s'il étoit à l'ancre.

Démonſtr. Puiſque la houle éléve le Vaiſſeau à meſure qu'il la parcourt, elle l'éléve plus vîte quand il la parcourt plus vîte : mais quand il va contre la houle il la parcourt plus vîte que quand il eſt à l'ancre : donc la houle l'éléve plus vîte quand il va contre la houle, que quand il eſt à l'ancre. Ce qu'il &c.

Propoſition 167.

Quand le Vaiſſeau va contre la houle, il retombe plus rudement que s'il étoit à l'ancre, à moins qu'une ſeconde houle ne ſe gliſſe ſous lui pour le ſoûtenir.

Démonſtr. Puiſque le Vaiſſeau s'éléve encore quelque temps Figur. 78. au deſſus de la houle A ; ſi en même temps qu'elle paſſe de l'arriere, il va de l'avant, il retombera dans un lieu plus éloigné du ſommet A de la houle, que s'il étoit à l'ancre : car par exemple s'il étoit à l'an-

cre , & qu'il tombât ſur le point B , en allant de l'avant il tomberoit
ſur le point C ; donc il tombe plus rudement que s'il étoit à l'ancre.
Ce qu'il &c.

Propoſition 168.

Figur. 79e   Quand le Vaiſſeau va contre la houle , il s'enfonce plus avant dans
l'eau , que s'il étoit à l'ancre.

Démonſtr. Puiſque le Vaiſſeau en retombant ſe trouve porté par
la ligne oblique A B : une partie de ſon mouvement tend à le plonger dans la houle : donc il s'y plongera plus avant que s'il étoit à l'ancre.   Ce qu'il &c.

Corollaire.

Les Vaiſſeaux tanguent plus , quand ils vont plus de l'avant tout le
reſte demeurant le même : ce qui n'empêche pas que les Vaiſſeaux ne
tanguent quelquefois plus à l'ancre qu'à la voile , parce qu'étant à la
voile ils prennent la houle de biais , & un peu moins directement que
s'ils étoient à l'ancre.

Propoſition 169.

Fig. 80.   Si le Vaiſſeau A court de même côté que la voile B C , & auſſi
vîte : il ne tanguera pas.

Démonſtr.   Puiſque le Vaiſſeau A va auſſi vîte que la houle C B ,
& de même côté , il en reſtera toûjours également éloigné : donc elle
ne le fera pas tanguer.   Ce qu'il &c.

Propoſition 170.

La même choſe étant ſuppoſée ; ſi le Vaiſſeau va un peu plus vîte ,
il tanguera fort doucement.

Démonſtr.   Puiſque la houle n'eſt portée contre le Vaiſſeau qu'avec
une vîteſſe égale à la différence des vîteſſes de la houle , & du Vaiſſeau , elle ſera portée contre lui avec peu de vîteſſe ; donc elle l'élévera , & le fera tomber avec peu de violence ; donc elle le fera tanguer fort doucement.   Ce qu'il &c.

Corollaire.

Les Vaiſſeaux qui vont vent arriére tanguent peu , & fort doucement pour l'ordinaire.

§. 11.

Ce que fait l'arrimage du Vaiſſeau à ſon Tangage.

Propoſition 171.

SOit le Vaiſſeau A B, qui court de l'avant ; je dis qu'il entrera plus Fig. 81. avant dans la houle ſi la flotaiſon naturelle eſt la ligne C D, que ſi c'étoit la ligne A B qui l'enfonceroit moins de l'avant. Tirons E G parallele à A B, & faiſons l'angle F E G égal à celui que font les flotaiſons A B, C D.

Démonſtr. Le Vaiſſeau étant à la flotaiſon A B courra par la direction E F, & étant à la flotaiſon D C il courra par la direction E G : mais la direction E G tend plus à le faire entrer dans la houle, que la direction E F ; donc il entrera plus dans la houle avec la flotaiſon C D, qu'avec la flotaiſon A B. Ce qu'il &c.

Propoſition 172.

La même choſe étant ſuppoſée ; la houle élévera le Vaiſſeau avec plus de force, ſi la ligne C D eſt ſa flotaiſon, que ſi c'étoit A B.

Démonſtr. Puiſque le Vaiſſeau aiant la flotaiſon C D entre plus avant dans la houle, elle l'élévera enſuite de plus bas ; donc elle l'élévera avec plus d'accélération, & plus de force. Ce qu'il &c.

Propoſition 173.

La même choſe étant ſuppoſée, le Vaiſſeau retombe plus rude- Figure 82. ment quand ſa flotaiſon eſt C D, que quand elle eſt A B.

Démonſtr. Puiſque le Vaiſſeau s'éléve avec plus d'accélération quand la flotaiſon eſt C D, le Vaiſſeau s'élévera plus haut ; mais d'ailleurs il faudra que le Vaiſſeau deſcende plus bas pour ſe remettre à ſa ſituation naturelle : donc le Vaiſſeau retombera avec plus d'accélération, ou plus rudement, quand la flotaiſon eſt C D. Ce qu'il &c.

Propoſition 174.

Si le centre de gravité C d'un Vaiſſeau eſt plus de l'avant, le Vaiſ- Figur. 83. ſeau en tanguera plus.

Démonſtr. Puiſque le poids du Vaiſſeau eſt plus de l'avant, il faudra plus de force pour élever ſon avant ; & par conſéquent il ſera élévé avec plus d'accélération : de même ſon poids retombera avec plus de vîteſſe, & plus de force : donc il tanguera plus. Ce qu'il &c.

Corollaire.

Corollaire.

Tout l'artifice de l'arrimage conſiſte à mettre le centre de gravité du Vaiſſeau le plus en arriere qu'il ſe peut.

§. III.

Ce que fait la groſſeur du Vaiſſeau au Tangage.

Propoſition 175.

Figur. 83. SI le Vaiſſeau A B gardant ſa même figure, & ſon même mouvement, vient à être plus chargé, il ne s'élévera pas moins au deſſus de la houle.

Démonſtr. Puiſque la houle éléve le Vaiſſeau nonobſtant ſon poids, elle lui communique tous les momens un mouvement plus grand que celui de ſa gravité : donc elle lui communique une accélération proportionnée à ſon poids ; donc tout le reſte étant égal, le Vaiſſeau s'élévera également au deſſus de la houle, ſoit qu'il ſoit plus ou moins chargé. Ce qu'il &c.

Propoſition 176.

La même choſe étant ſuppoſée ; le Vaiſſeau ſe plongera davantage en retombant.

Démonſtr. Puiſque le Vaiſſeau a plus de poids en un volume égal, il aura en retombant une plus grande accélération ; donc tout le reſte étant égal, il ſe plongera davantage. Ce qu'il &c.

Corollaire.

Un Vaiſſeau qui eſt plus chargé, doit d'ordinaire plus tanguer : je dis d'ordinaire parceque la figure du Vaiſſeau peut faire que quand il eſt plus chargé il tangue moins.

Propoſition 177.

Figur. 84. Si les houles C D E , C H I ſont parfaitement égales, le petit Vaiſſeau A B s'élévera plus que le gros F G ; en ſuppoſant qu'ils tiroient autant d'eau l'un que l'autre dans une mer unie.

Démonſtr. Puiſque le volume C D E que le petit Vaiſſeau occupe dans la houle, eſt égal au volume A M B qu'il occupoit, il ſera moindre que le volume F L G, ou que ſon égal G H I ; donc le plan C F ſera plus élévé, que le plan G I ; donc le petit Vaiſſeau s'élévera plus que le grand. Ce qu'il &c.

Corollaire.

Corollaire.

Les gros Vaisseaux tanguent d'ordinaire moins que les petits ; ce qui n'empêche pas que les Vaisseaux médiocres ne foient plus feurs à la mer ; parceque la matiere des grands fouffre plus dans les mauvais temps.

§. IV.

Ce que fait la figure du Vaisseau au Tangage.

Propofition 178.

SOit un Vaisseau fphérique dont A eft le centre de gravité, & B le centre de fa figure, C D fa flotaifon dans une mer unie, E F fa flotaifon dans la houle, H le centre de gravité de l'efpace qu'il occupe dans l'eau : je dis que la flotaifon C D, & la flotaifon E F font également éloignées du point B. $^{Figur.\ 85.}$

Démonftr. Puifque le poids du Vaisseau, & par conféquent l'efpace qu'il occupe dans l'eau eft le même, l'efpace C A D, & l'efpace E A F font égaux ; donc la flotaifon C D, & la flotaifon E F font également éloignées du point B. Ce qu'il &c.

Corollaire.

Le centre du mouvement par lequel le Vaiffeau s'éléve fur la houle eft le point B ; ce qui fe doit entendre en negligeant la convexité de la houle, & l'accélération du mouvement qui éléve l'avant du Vaisseau.

Propofition 179.

Si les centres de gravité A & H font dans le même point quand la flotaifon eft C D ; ils feront auffi dans le même point, quand la flotaifon fera E F, du point B à la diftance B A, ou B H, décrivez l'arc H G, & tirez la verticale H G.

Démonftr. Puifque le centre de gravité du Vaisseau eft dans l'arc H G, & dans la verticale H G ^{a}, il fera dans le point H, ou dans le point G ; donc il fera dans le point H qui eft le plus bas des deux. Ce qu'il &c. $^{a\ Méc.}$

Corollaire.

La ligne B A dans l'un & dans l'autre cas, fera perpendiculaire fur la flotaifon.

Propofition 180.

Si les centres de gravité A, H ne font pas dans le même point, quand le Vaisseau eft à la flotaifon C D, la ligne A B fera inclinée fur la flotaifon E F. $^{Figur.\ 86.}$

La démonftration eft la même ; il faut feulement remarquer que ſi le centre H eſt entre le point B, & le point A, la ligne A B eſt inclinée du côté du haut de la houle ; & au contraire ſi le point A eſt entre les points H, & B.

Propoſition 181.

Si le centre de gravité A eſt plus prés du centre B que la verticale GH, le Vaiſſeau ne pourra pas être en équilibre avec la houle. Suppoſons que le centre de gravité du Vaiſſeau eſt dans quelque point M.

Démonſtr. Puiſque le centre de gravité de l'eſpace EHF eſt le point H, les priſmes GHE, GHF ſont en équilibre ; mais le centre de gravité M péſe plus ſur le priſme GHF, que ſur le priſme GHE ; donc il rompra leur équilibre. Ce qu'il &c.

Corollaire.

Lorſque le Vaiſſeau eſt ſur le panchant de la houle, ſi ſon centre de gravité ſe trouve dans la verticale HG, toutes ſes parties tendent à deſcendre par des directions paralleles à la flotaiſon EF ; mais ſi le centre de gravité du Vaiſſeau ne peut pas ſe trouver dans la verticale HG, toutes ſes parties ſont portées en bas comme celles d'un globe qui ſe trouve ſur un plan incliné.

Propoſition 182.

Figure 87.   Soit quelque Vaiſſeau AB dont le centre de gravité eſt le point A ; ſi on amaigrit ſon avant ſans toucher au reſte, il entrera plus avant dans la houle.

Démonſtr. Puiſque le centre de gravité, & le poids du Vaiſſeau demeure le même, avec le même mouvement, ſon avant aura la même force pour entrer dans la houle : mais aiant moins de volume, il aura moins de peine à la pénétrer ; donc il y entrera plus avant. Ce qu'il &c.

Propoſition 183.

La même choſe étant ſuppoſée ; la houle élévera l'avant du Vaiſſeau avec la même force.

Démonſtr. Puiſque l'avant du Vaiſſeau a le même poids, la houle en l'élevant lui communiquera un même mouvement ; donc elle l'élévera avec la même force. Ce qu'il &c.

Propoſition 184.

La même choſe étant ſuppoſée ; la houle élévera l'avant du Vaiſſeau avec plus d'accélération.

Démonſtr. Puiſque le Vaiſſeau entre plus avant dans la houle,

elle

l'élévera enſuite de plus bas ; donc elle l'élévera avec plus d'accélération.   Ce qu'il &c.

Propoſition 185.

La même choſe étant ſuppoſée , l'avant du Vaiſſeau ſe plongera
davantage en tombant.

Démonſtr. Puiſque l'avant du Vaiſſeau a le même poids , & qu'il
tombe de plus haut , & qu'il a moins de volume , il aura plus de mouvement , & moins de peine à ſe plonger : donc il ſe plongera plus.
Ce qu'il &c.

Corollaire.

Les Vaiſſeaux qui ſont beaucoup taillez de l'avant tanguent d'ordinaire beaucoup.

Propoſition 186.

Soit le Vaiſſeau A B dont l'Etrave B E eſt un arc qui a D pour Figur. 88.
centre, & qui touche la quille horizontale au point E : ſi la houle
frappe le point B plus bas que le centre D, elle lui imprimera un
mouvement pour l'élever. Tirons le rayon D E , & l'horizontale
B N qui coupera le rayon D E au point N plus bas que le centre D :
tirons auſſi D B.

Démonſtr. Puiſque le point B de l'arc B E eſt frappé , la direction du mouvement qui lui eſt imprimé ſera B D : mais la direction B D tend à élever le point B de toute la ligne N D ; donc le
mouvement que la houle imprime au point B tend à l'élever. Ce
qu'il &c.

Propoſition 187.

Les mêmes choſes étant ſuppoſées ; ſi de quelque point F on décrit l'arc L C, qui touche la même quille au point L, & qui coupe
l'horizontale B N au point C : ſi de plus on tire C G parallele à B D,
& qu'on ſuppoſe F C plus grande que B D, le point F ne pourra pas
être dans la ligne C G. Tirons D H parallele à L A, qui coupe C G
au point G ; & du point L ſur L A tirons une perpendiculaire qui
paſſera par le point F[a], & qui coupera C N au point M, & D H   [a]
au point H à angles droits. La ligne L F coupera auſſi la ligne C G   18. 3. Euc.
au point I ; c'eſt pourquoi ſi le point F étoit ſur la ligne C G il ſeroit
au point I, ce qui ne ſe peut ; ſoit que le point I ſoit entre les points
C, G, puiſque alors I C ſeroit moindre que G C, & par conſéquent
moindre que D B qu'on ſuppoſe moindre que C F ; ſoit que le point I
ſoit au deſſus du point G, comme nous l'allons prouver.

K ij   Dém.

Démonſtr. Puiſque CG eſt égale à DB, ou DE, ou HL : &
que GI eſt plus grande que HI[b], la ligne IC ſera plus grande que
IL, & par conſéquent le point I ne ſera pas le centre de l'arc LC;
donc il n'eſt pas le point F. Ce qu'il &c.

Propoſition 188.

Les mêmes choſes étant ſuppoſées ; le point F ne ſera pas dans quelque point O plus bas que le point I.

Démonſtr. Puiſque IC eſt plus grande que IL, l'angle ILC ſera
plus grand que ICL ; donc l'angle ILC ſera plus grand que OCL;
donc OC ſera plus grande que OL ; donc le point F centre de l'arc
LC n'eſt pas au point O. Ce qu'il &c.

Corollaire.

Le point F eſt au deſſus du point I, & l'angle FCM eſt plus
grand que ICM, ou DBN.

Propoſition 189.

Les mêmes choſes étant ſuppoſées ; la houle aura plus de force pour
élever l'avant du Vaiſſeau, ſi le point F en eſt le centre, que ſi c'é-
toit le point D ; c'eſt à dire que la houle aura plus de force pour élever le point C que le point B.

Démonſtr. Le mouvement de la houle eſt à celui qu'elle imprime
au point B pour l'élever, comme le ſinus total eſt au ſinus de l'angle DBN ; & à celui qu'elle imprime au point C pour l'élever,
comme le ſinus total au ſinus de l'angle FCM : mais la raiſon du ſinus total au ſinus de l'angle DBN eſt plus grande, que la raiſon du
ſinus total au ſinus de l'angle FCM[b] ; donc le mouvement de la
houle a plus de raiſon au mouvement qu'elle imprime au point B, qu'à
celui qu'elle imprime au point C ; donc le mouvement que la houle
imprime au point B pour l'élever, eſt moindre que celui qu'elle impri-
prime au point C. Ce qu'il &c.

Corollaire.

Plus le centre de la figure qui forme l'avant du Vaiſſeau, eſt élevé, plus la houle a de force pour l'élever, & par conſéquent moins
il entre dans la houle, moins il ſe plonge en retombant, moins il
tangue.

Propoſition 190.

Soit AB un Vaiſſeau dont le centre de gravité eſt le point A : ſi

tout

tout le reſte demeurant le même on allonge ſon avant juſques au point C, il entrera moins dans la houle.

Démonſtr. Puiſque le poids A demeure le même , & que le point C en eſt plus éloigné que le point B, la Puiſſance appliquée au point C l'élévera plus facilement , que la Puiſſance appliquée au point B ; donc la houle élévera plus aiſément l'avant C du Vaiſſeau que l'avant B ; donc l'avant C entrera moins dans la houle que l'avant B , tout le reſte demeurant le même. Ce qu'il &c.

Remarque.

On ſuppoſe dans la démonſtration précédente , que quand la houle éléve le Vaiſſeau, elle éléve les parties qui ſont de l'avant avec plus de vîteſſe que celles qui ſont de l'arriere, & par conſéquent que le Vaiſſeau eſt comme un levier dont la Puiſſance eſt appliquée à l'avant , & dont le joug eſt quelque point de l'arriere , ce qui eſt évident.

Propoſition 191.

On démontrera de même que l'avant C s'élévera avec moins d'accélération, qu'il ſe plongera moins , & qu'il tanguera moins, que l'avant B.

§. V.

Comment le Tangage diminuë la vîteſſe du Vaiſſeau.

Propoſition 192.

SOit la houle C qui frappe l'avant du Vaiſſeau A B, elle lui im- Fig. 89. prime un mouvement contraire à celui qui le porte contre la houle.

Démonſtr. Puiſque l'avant du Vaiſſeau rencontre la houle , il la choque, & par conſéquent il en reçoit un mouvement égal au choc [a], & contraire à celui qui le porte contre la houle. Ce qu'il &c.

[a] 1. L.

Propoſition 193.

La même choſe étant ſuppoſée ; le mouvement que la houle im- Figur. 88. prime au Vaiſſeau, eſt contraire à celui qui le fait avancer horizontalement, en même raiſon que le ſinus total au ſinus de l'angle d'incidence de la houle contre le Vaiſſeau.

Démonſtr. Puiſque la houle frappant le point B du Vaiſſeau , lui imprime un mouvement dont la direction eſt B D, ce mouvement eſt contraire à celui qui porte le Vaiſſeau par la direction horizontale N B, en même raiſon que B D à B N, ou que le ſinus total au ſinus de l'angle d'incidence B D N. Ce qu'il &c.

K iij   Coroll.

Corollaire.

La houle qui frappe le Vaisseau le retarde moins, quand la figure de son avant a un centre plus élevé.

Proposition 194.

Figur. 90.   Soit le Vaisseau A qui parcourt le panchant BC de la houle, par un mouvement parallele à BC : si on n'a nul égard à son poids, ce qu'il avancera horizontalement, sera à ce qu'il avance sur la ligne BC, comme le sinus complement de l'obliquité de la houle, au sinus total. Tirons l'horizontale BE, & la verticale CE.

Démonstr. Si on prend BC pour le chemin que fait le Vaisseau sur le panchant de la houle : BE sera ce qu'il avance horizontalement ; mais BE est à BC, comme le sinus complement de l'obliquité CBE de la houle, au sinus total : donc ce que le Vaisseau avance horizontalement est à ce qu'il avance sur le panchant BC de la houle, comme le sinus complement de l'obliquité de la houle, au sinus total.   Ce qu'il &c.

Proposition 195.

Figur. 91.   La même chose étant supposée : si le Vaisseau qui devroit parcourit la ligne BC en une minute, n'aiant point de pesanteur, ne parcourt en effet que la ligne AC : il ne parcourra pas les lignes BE, EG en une minute, en supposant les lignes BE, EG égales aux lignes BC, BA, & également inclinées.   Continuons BE jusques à ce que EH soit égale à BA.

Démonstr. Puisque la pesanteur du Vaisseau le retarde de la ligne BA quand il monte durant une minute, elle l'avancera de la ligne EH égale à BA, quand il descendra durant une minute : donc le Vaisseau en une minute descendra du point B au point H ; mais il parcourra en moins de temps la ligne BEH que les lignes BEG ; donc il ne parcourra pas les lignes BEG en une minute.   Ce qu'il &c.

Corollaire.

Le poids du Vaisseau retarde le mouvement du Vaisseau quand il tangue.

Proposition 196.

Figur. 92.   Les mêmes choses étant supposées : la direction du mouvement que les voiles impriment au Vaisseau, n'est pas toûjours parallele à la flotaison. Supposons AD parallele au plan des voiles, & DE perpendiculaire sur AD.

Démonstr.

Démonſtr. Puiſque A D eſt parallele au plan des voiles , la direction du mouvement qu'elles impriment au Vaiſſeau ſera parallele à D E ; mais la ligne D E n'eſt pas toûjours parallele à la flotaiſon ; donc la direction du mouvement que les voiles impriment au Vaiſſeau, n'eſt pas toûjours parallele à la flotaiſon.   Ce qu'il &c.

Propoſition 197.

Le Vaiſſeau ſe meut par une direction parallele à ſa flotaiſon.

Démonſtr. Puiſque le Vaiſſeau en avançant ne change pas de flotaiſon , tous les points du Vaiſſeau ſont toûjours également éloignez de la flotaiſon ; donc ils décrivent des lignes paralleles à la flotaiſon ; donc tout le Vaiſſeau ſe meut par une direction parallele à la flotaiſon. Ce qu'il &c.

Remarque.

Pour rendre la choſe plus ſenſible , & plus propre à ſervir de principe à la ſituation des mâts. Conſiderons un Vaiſſeau dont A B eſt la flotaiſon , & dont le centre de gravité C eſt pouſſé par la direction C G perpendiculaire au plan C D de la voile. Si le Vaiſſeau n'avoit point de peſanteur , il ſeroit porté de C en G ; ſuppoſons que ſa peſanteur le feroit tomber de G en E dans le temps qu'il parcourroit la ligne C G , au lieu de parcourir la ligne C G , il parcourra la ligne C E ; & parceque l'eau qui eſt deſſous détruit tous les inſtans le mouvement qui porte le Vaiſſeau en bas, il n'aura point d'accéleration , & par conſéquent ſi on ſuppoſe les lignes C G , E F égales, les lignes G E , F H ſeront auſſi égales , & par conſéquent la ligne C E H ſera parallele à l'horizontale A B.   C'eſt pourquoi la direction du mouvement que les voiles impriment au Vaiſſeau , ne fait pas qu'il ſe meuve par une ligne oblique à ſa flotaiſon ; mais elle fait ſeulement qu'il ſe plonge plus quand la direction de la voile fait un angle aigu avec la flotaiſon de l'arriere , ou qu'il ſe plonge moins quand elle fait un angle aigu de l'avant comme G C E.

Figur. 93.

Propoſition 198.

La même choſe étant ſuppoſée ; ſi on n'a nul égard à la réſiſtance du milieu, la vîteſſe horizontale du Vaiſſeau ſera à celle que lui imprime la voile par une direction oblique à la flotaiſon , comme le ſinus complement de l'obliquité au ſinus total.

Démonſtr. Si on exprime la vîteſſe que la voile communique au Vaiſſeau, par la ligne C G , il faudra exprimer la vîteſſe horizontale du Vaiſſeau par la ligne C E ; mais C E eſt à C G , comme le ſinus complement de l'obliquité G C E au ſinus total ; donc la vîteſſe horizontale

zontale du Vaiſſeau eſt à celle que la voile lui communique, comme le ſinus complement de l'obliquité au ſinus total.   Ce qu'il &c.

Corollaire.

Le mouvement horizontal du Vaiſſeau eſt retardé, ſoit qu'il monte, ſoit qu'il deſcende le long du panchant de la houle ; parceque la direction des voiles ne ſe trouve pas pour l'ordinaire parallele à la flotaiſon.

Propoſition 199.

Le tangage retarde encore le Vaiſſeau, parce qu'il le plonge plus qu'il ne convient, ſoit quand il entre dans la houle, ſoit quand il retombe aprés l'avoir paſſée, ce qui eſt cauſe qu'il a plus d'eau à fendre. La démonſtration eſt claire d'elle-même.

Remarque.

On appliquera ſans peine ce que nous avons dit de la houle qui prend le Vaiſſeau de l'avant, à celle qui le prend de l'arriere : par où on découvrira 1. Que la houle qui prend le Vaiſſeau de l'arriere le fait avancer. 2. Qu'elle le fait tanguer plus doucement. 3. Qu'elle le retarde d'un côté parce qu'elle le fait monter, & deſcendre ; mais qu'elle l'avance beaucoup plus en le pouſſant.

§. VI.

Du Rouli.

LE Rouli eſt le mouvement que la houle donne au Vaiſſeau, quand en le prenant par le côté, elle le fait pancher tantôt à ſtribord, tantôt à bas-bord ; on pourra lui appliquer ce que nous avons dit du tangage, & en particulier ce qui ſuit.

Propoſition 200.

Figur. 94.   Soit A B C D le profil d'un Vaiſſeau coupé par un plan perpendiculaire à ſa quille, que le point A ſoit ſon centre de gravité, le point B le centre de ſa figure, & C D ſa flotaiſon dans une mer unie. Quand la houle venant ſur le côté du Vaiſſeau, prendra le point D, elle l'élévera de maniere que le Vaiſſeau étant ſur le panchant de la houle ſa flotaiſon ne ſera plus horizontale, mais le point C ſe trouvera plus bas que le point D : puis quand le Vaiſſeau aura paſſé le ſommet de la houle, le point D s'abbaiſſera à ſon tour, & le point C ſera élevé : enfin quand la houle aura paſſé, & que le Vaiſſeau ſe retrouvera dans une mer unie, le centre A de gravité rappellera ſa
flotaiſon

flotaison CD à la ligne horizontale, en tournant autour du centre B de sa figure, ce qui ne se pouvant pas faire sans quelque accélération, il dépassera un peu la verticale BF, puis il y reviendra, & fera ainsi plusieurs vibrations qui font ce que nous appellons *Rouli*.

Tout ceci se démontre comme les propositions du tangage.

Proposition 201.

Le Rouli doit pour l'ordinaire être plus lent que le tangage.

Démonstr. Puisque le Vaisseau ne va pas contre la houle qui le fait rouler, & qu'aucontraire il va d'ordinaire du même côté en tombant sous le vent, la houle employe plus de temps à le traverser; donc elle le fait rouler plus lentement. Ce qu'il &c.

Proposition 202.

Le Vaisseau doit moins rouler quand il va au plus-prés, que quand il va vent arriere en supposant que la houle le prend également par le côté.

Démonstr. Quand le Vaisseau va au plus-prés, il ne peut pas rouler sans que ses voiles fendent l'air par leur plat; & d'ailleurs le vent qui tient le Vaisseau panché sous le vent, l'empêche de faire des vibrations; mais nulle de ces deux raisons n'empêche le Vaisseau de rouler vent arriere; donc le Vaisseau doit moins rouler quand il va au plus-prés, que quand il va vent arriere. Ce qu'il &c.

Proposition 203.

Le Vaisseau roule plus à l'ancre, que quand il va au plus-prés, si la houle le prend de côté.

La démonstration est la même.

Proposition 204.

Le Rouli est plus doux que le tangage. 1. Parceque le Vaisseau n'entre pas si avant dans la houle, & ne s'éléve pas tant au dessus, à cause du grand volume qu'il lui présente. 2. Parceque le Rouli est plus lent. 3. Parceque le Rouli est beaucoup soûtenu par la peine que le Vaisseau trouve à fendre l'eau, & par la peine que ses mâtures, & ses voiles trouvent à fendre l'air dans les vibrations qui le font tourner autour du point B.

Proposition 205.

Si le Vaisseau étant à l'ancre, ou à la voile présente le côté au courant il roulera.

Démonstr. le courant imprimera un mouvement au fond du Vais-

L

seau

ſeau qui portera ſon centre de gravité A au delà de la verticale BF;
& parceque le centre A ne pourra pas être ainſi porté ſans quelque
accélération, il s'élévera plus haut que le courant ne pourra le ſoûtenir : c'eſt pourquoi quand ſon mouvement d'accélération ſera per-
du, il reviendra contre le courant avec accélération, & ira plus loin
qu'il ne convient ; c'eſt pourquoi le courant le repouſſera avec plus
de force qu'auparavant, & lui fera ainſi faire des vibrations, ou le
fera rouler. Ce qu'il &c

Propoſition 206.

Tout le reſte demeurant égal, le Rouli eſt plus rude quand le centre de gravité A eſt plus bas.

Démonſtr. Puiſque le centre de gravité A eſt plus bas, il eſt plus
éloigné du centre B autour duquel ſe font les vibrations ; donc il
rappelle le Vaiſſeau avec plus de force ; donc tout le reſte étant
égal, le Rouli eſt plus rude. Ce qu'il &c.

Propoſition 207.

On démontrera de même, que ſi le Vaiſſeau eſt plus peſant, tout
le reſte demeurant égal, le Rouli en eſt plus rude.

Propoſition 208.

Le Rouli eſt moins rude, lorſque le point B autour duquel le
Vaiſſeau roule, eſt plus élevé, tout le reſte demeurant le même.
Elevons le point B juſques au point G, en ſuppoſant que le centre de
la figure du Vaiſſeau eſt au point G, & par conſéquent que le Vaiſſeau roule autour du point G.

Démonſtr. Puiſque le point G eſt plus éloigné des parties du
Vaiſſeau, qui fendent l'eau dans le Rouli, que le point B, il leur
fera décrire des arcs plus grands ; donc elles trouveront plus de réſiſtance dans l'eau ; donc le mouvement du Rouli en ſera plus retardé, & moins rude. Ce qu'il &c.

Propoſition 209.

On prouvera de même, que la hauteur, & la groſſeur de la mâture rendent le Rouli plus lent & moins rude.

CHAPITRE QUATRIE'ME.

De la figure du Vaiſſeau par rapport à la dérive.

LA dérive eſt le chemin que le Vaiſſeau fait en fendant l'eau par ſon côté : & par conſéquent ce quatriéme chapitre ſe reduit au premier.

CHAPITRE CINQUIE'ME.

De la figure du Vaiſſeau par rapport au Gouvernail.

EXPLICATION DU SUJET.

CE n'eſt pas ſans raiſon qu'on admire la force du gouvernail ſur le Vaiſſeau. Une piece de bois large d'un pied & demi, fait tourner en tout ſens un Vaiſſeau de cent pieces de canon : cette montagne flotante ſent les moindres impreſſions que ce peu de bois lui communique : & ſon poids immenſe, ou la vaſte maſſe d'eau qui l'environne, ne l'empêche pas de les ſuivre. Tout cela ſe doit entendre des bons Vaiſſeaux : car il en eſt grand nombre parmi les plus gros, qui ſont inſenſibles à leur gouvernail, ce qui déroute toûjours les meilleurs Maneuvriers, & les met ſouvent en grand danger de ſe perdre. Si on s'aborde dans une armée, ſi on échoüe, ſi on ne tient pas ſon poſte dans un Combat, ſi dans un gros temps aprés avoir démâté, on ſe voit manger par les flots pour ne pas pouvoir arriver, tous ces accidens font gemir les Commandans, ſur ce que leurs Vaiſſeaux ne gouvernent pas. Je ne ſçai ſi je puis comparer ces Vaiſſeaux à des chevaux indomtables, qui aiant pris le mords aux dents en une bataille, font fuïr leurs cavaliers malgré eux, ou les portent malgré eux au milieu des ennemis, leur faiſant toûjours perdre l'honneur ou la liberté, & ſouvent la vie. Il eſt eſſentiel à un bon Vaiſſeau de bien gouverner : mais on ne ſçait encore gueres ce qui fait qu'un Vaiſſeau gouverne. Pour moi je me ſuis perſuadé que trois choſes peuvent rendre un Vaiſſeau aiſé à gouverner. 1. Si ſa figure le rend propre à déplacer l'eau qui lui ſerre les côtez, ce qui ſe reduit au chapitre premier de cet Ouvrage. 2. Si ſa figure fait que ſon gouvernail ait plus de force. 3. Si la figure du Vaiſſeau fait qu'il faille moins de mouvement pour le tourner. Nous allons examiner ces deux derniers points dans ce chapitre.

§. I.

Ce que fait la figure du Vaisseau, afin que le Gouvernail se présente bien à l'eau.

Proposition 210.

Figur. 96. SI quelque corps A B, qui se meut dans l'eau par la direction A B, entraîne avec soi le corps A C, l'eau imprimera au corps A C un mouvement dont la direction sera C E perpendiculaire sur A C.

Démonstr. Puisque le corps A C est entraîné contre l'eau, & qu'il la choque par un mouvement dont la direction est la perpendiculaire C F, il en recevra un mouvement contraire [a] dont la direction sera la perpendiculaire C E. Ce qu'il &c.

[a]
1. L.

Proposition 211.

La même chose étant supposée : le corps A C recevra autant de mouvement, qu'il en faut à l'eau pour passer de l'avant à l'arriere du corps A C.

Démonstr. Puisque le mouvement que le corps A C imprime à l'eau, & le mouvement que l'eau imprime au corps A C sont égaux à leur choc, ils seront égaux entr'eux : mais le mouvement que le corps A C imprime à l'eau est égal à celui qu'il faut à l'eau pour passer de l'avant à l'arriere du corps A C [b]; donc le mouvement que l'eau imprime au corps A C est égal à celui qu'il faut à l'eau pour passer de l'avant à l'arriere du corps A C. Ce qu'il &c.

[b]
Prop. 31.

Proposition 212.

Figur. 97. Soit le profil A B d'un Vaisseau coupé par un plan horizontal qui passe par le centre de gravité du gouvernail A C. Je dis que le contour convexe A D B du Vaisseau ne diminuëra nullement l'effort de l'eau contre le gouvernail.

Démonstr. Puisque le contour convexe A D B ne diminuë pas la quantité de l'eau qui passe de l'avant à l'arriere du gouvernail, ni sa vîtesse, il ne diminuë pas le mouvement que le gouvernail imprime à l'eau ; donc [a] il ne diminuë pas le mouvement que l'eau imprime au gouvernail. Ce qu'il &c.

[a]
Précéd.

Remarque.

Ce ne seroit pas tout à fait la même chose, si le corps A B demeurant

meurant immobile l'eau couroit par la direction B A : car alors une partie de l'eau qui ſeroit entre la convexité du contour & le gouvernail, n'auroit quaſi point de mouvement.

Corollaire.

Il ſera aiſé de donner au Vaiſſeau une figure qui n'empêche pas le gouvernail de ſe bien préſenter à l'eau.

§. I I.

Du mouvement qu'un corps peut avoir autour d'un de ſes points.

Propoſition 213.

SOit la régle A B attachée au point A de telle maniere qu'elle puiſſe tourner tout autour : ſi on pouſſe ſon point B par la direction B perpendiculaire à A B, & que le milieu ne faſſe nulle réſiſtance, le point B ſera porté autour du point A par une infinité de differens mouvemens égaux, & perpendiculaires aux rayons d'un cercle dont le point A eſt centre. Suppoſons que le mouvement imprimé au point B dût le porter du point B au point C en un temps infiniment petit s'il étoit libre. Aiant décrit du point A l'arc B D, tirons la ſécante A D C, & la ligne B D F, tirons encore C E perpendiculaire ſur B F, & aiant pris D F égale à B E tirons F G égale & parallele à C E ; alors D G ſera égale à B C, & perpendiculaire ſur D A. Je dis donc que ſi B C exprime le mouvement qu'on a imprimé au point B, D G exprimera le mouvement que le point B aura au point D. Figur. 98.

Démonſtr. Puiſque le point B eſt porté par le mouvement B C ; il aura deux mouvemens, dont l'un ſera exprimé par la ligne B E, & l'autre par la ligne E C ou D C qui approchera infiniment de E C, parceque l'arc B D eſt infiniment petit. D'ailleurs le mouvement D C exprimant le mouvement qui éloigne le point B du point A, exprimera le choc qui ſe fera contre l'obſtacle inſurmontable A ; donc [a] le point A imprimera dans le point B un mouvement égal à C D, ou C E, ou F G, & [b] y détruira un mouvement égal au mouvement E C : donc aprés le choc il ne reſtera plus dans le point B que le mouvement B E ou E F, & le mouvement F G, ou le mouvement D G. Ce qu'il &c.

a
1. L.
b
2. L.

Corollaire.

Si la réſiſtance du milieu ne détruiſoit pas inſenſiblement le mouvement de la régle A B , elle tourneroit éternellement autour du point A , avec la même vîteſse.

Propoſition 214.

Figur. 99.   Si la régle A B eſt parfaitement libre , & que ſes points A & B ſoient pouſsez par des mouvemens égaux, contraires , & perpendiculaires ſur la ligne A B : le point B ſera porté autour du milieu I de la régle , comme ſi le point I étoit fixe. Suppoſons les mêmes lignes que dans la précédente , & tirons les lignes C D I M H , A M L , & la ligne H L perpendiculaire ſur A L.

Démonſtr. Puiſque le point A eſt porté vers H , & B vers C, les lignes C D, M H marqueront l'effort que les points A & B font pour ſe ſéparer , ou la quantité de leur choc , & par conſéquent elles exprimeront le mouvement que ces deux points s'impriment mutüellement ; donc aprés le choc le point B aura quatre mouvemens , ſçavoir B E , & E C ou D C, C D & L H ; mais D C, & C D s'entre-détruiſent ; donc aprés le choc il ne reſtera dans le point B que les mouvemens B E & L H , ou D F & F G , ou le mouvement D G, qui [a] eſt le même que ſi la régle étoit fixe au point I. Ce qu'il &c.

Précéd.[a]

Remarque.

On ſuppoſe dans les deux propoſitions précédentes que le point D eſt le même que le point E ; parceque l'arc B D étant infiniment petit, l'angle C D B approche infiniment de l'angle droit.

Propoſition 215.

On prouvera de même que ſi les mouvemens des points A & B, ne ſont pas égaux , ils le deviendront bientôt, parceque le point qui aura plus de mouvement, en produira plus dans l'autre. Ainſi quoique la régle ne tourne pas d'abord autour du milieu I , mais autour de divers points plus proches du point qui a moins de mouvement, elle tournera neanmoins enſuite autour du point I.

Propoſition

Propoſition 216.

Si on frappe le point C centre de gravité de la régle A B, & que Fig. 100.
la régle ſoit parfaitement dure : le choc ſera le même, que ſi toute la
régle étoit réünie au point C.

Démonſtr. Puiſque les parties C A , C B ſont en équilibre ,
elles ſuivront l'une & l'autre tous les mouvemens du point C ;
donc toute la régle ſe meut comme le point C ; donc elle choque les autres corps comme ſi elle étoit réünie au point C. Ce
qu'il &c.

Remarque.

Comme la partie C A fait que la partie C B choque les corps
qui frappent le point C : on pourra déterminer la quantité du mouvement que chaque partie de la régle recevra quand on pouſſera un de
ſes points qui ne ſera pas le centre de gravité : car il ne faudra que lui
appliquer les loix de l'équilibre.

Propoſition 217.

Si la régle A B eſt parfaitement dure & libre , ſon point A ne Figur. 101.
pourra pas être tellement à l'extremité , qu'en le pouſſant par la direction A E, on ne communique quelque mouvement au point B par
la même direction.

Démonſtr. Puiſque le point A eſt diviſible , on pourra toûjours y trouver un centre de gravité, où l'on ſuppoſera la percuſſion réünie ; donc les parties du point A qui ſeront au delà de ce
centre par rapport au point B, le contre-balanceront, & lui com-
muniqueront une partie du mouvement que le point A reçoit. Ce
qu'il &c.

Corollaire.

Le mouvement que le point B reçoit en ce cas peut être diminué à l'infini.

Propoſition 218.

Suppoſons que le mouvement imprimé au point B par la percuſ- Figur. 102.

ſion

ſion A E eſt infiniment petit : je dis que le centre de gravité C ſera porté par une ligne parallele à la direction A E. Tirons la ligne B E, & C D parallele à A E, & D L parallele à C A : puis dés points B, D nous décrirons les arcs C I, L G ; & les lignes E G, D I ſeront égales.

Démonſtr. Puiſque le mouvement imprimé au point A, ſe communique aux points de la ligne A B de telle maniere qu'il vient à rien au point B, il décroît comme la ligne A B; donc le mouvement du point C eſt au mouvement du point A, comme B C à B A, ou comme C D à A E ; donc le point C devroit être porté au point D, dans le temps que le point A ſeroit porté au point E ; donc la ligne E G exprimera l'effort qu'ils font pour s'éloigner, ou leur choc ; de même la ligne D I exprimera le choc du point C avec le point B ; donc le point C recevra des points A & B deux mouvemens contraires exprimez par les lignes égales D I, E G : donc ces deux mouvemens s'entre-détruiſant, le point C n'aura plus que le mouvement C D parallele à A E. Ce qu'il &c.

Propoſition 219.

On prouvera la même choſe, quoique le point B ait un mouvement parallele à A E.

Corollaire.

La régle tournera autour du point C qui décrira la ligne C D.

Propoſition 220.

Si tous les points de la régle trouvent un égal obſtacle à leur mouvement, & que cet obſtacle ne ſoit pas inſurmontable, il ne faudra rien changer aux précédentes.

Démonſtr. Les obſtacles avec les points de la régle, feront comme une régle plus maſſive, dont le centre de gravité ſera le même point C, & à laquelle on appliquera les mêmes démonſtrations ; donc il ne faudra rien changer aux précédentes.

Propoſition 221.

Si les points de la ligne A C B qui ſont entre C & B, ont un plus grand obſtacle que les points qui ſont entre C & A, le point C ne ſera pas porté par une ligne parallele à la ligne A E.

Démonſtr.

Démonſtr. Puiſque les points qui ſont entre les points C, B, ont un plus grand obſtacle que ceux qui ſont entre les points C, A, ils choqueront plus fortement le point C, & lui imprimeront un plus grand mouvement : donc le mouvement du point C ſera compoſé du mouvement CD, & d'une partie du mouvement DI. Ce qu'il &c.

Corollaire.

La régle tournera autour de quelque point entre le centre C, & le point B, & ſi quelque point F trouve un obſtacle beaucoup plus grand que les autres points, la régle tournera d'ordinaire autour du point F.

§. I I I.

Autour de quel point tourne plus aiſément un corps pouſſé par un de ſes bouts.

Propoſition 222.

SI la Puiſſance A peut faire mouvoir le corps AB autour de ſon milieu G, elle pourra le faire mouvoir autour de ſon extrémité B. Suppoſons donc que le corps AB tournant autour du point G décrive les deux quarts de cercle AGF, BGE, & que tournant autour du point B, il décrive le quart du cercle ABD. Ce dernier quart exprimera le mouvement du corps AB quand il tourne autour de B, & les deux autres expriment le mouvement du corps AB quand il tourne autour de G.

Démonſtr. Puiſque le point G eſt le milieu de la ligne AB, l'arc AF ſera la moitié de l'arc AD, & les deux quarts du cercle AGF, BGE ſeront la moitié du quart AD ; mais la force de la Puiſſance A en parcourant l'arc AD eſt à ſa force quand elle parcourt l'arc AF, comme AD à AF ; donc la force de la Puiſſance A quand elle parcourt l'arc AD eſt à ſa force quand elle parcourt l'arc AF, comme le quart ABD aux deux quarts AGF, BGE, ou comme le mouvement du corps AB quand il tourne autour de B, eſt au mouvement du corps AB quand il tourne autour de G : donc ſi la force de la Puiſſance quand elle parcourt l'arc AF eſt égale au mouvement du corps AB qui tourne autour de G ; ſa force quand elle parcourt l'arc AD eſt égale au mouvement du corps AB qui tourne autour de B. Ce qu'il &c.

Fig. 103.

[a] 12. Eucl.

M   *Pro*

Propoſition 223.

Figur.103.   Si le point G eſt plus prés du point A que du point B, il faudra une plus grande Puiſſance au point A, pour tourner la régle A B autour de ſon point G, qu'autour de ſon point B.

Démonſtr. Puiſque le point G eſt plus proche du point A que du point B, l'arc A F n'eſt pas la moitié de l'arc A D, & les quarts A G F, B G F ſont plus de la moitié du quart A G B ; donc en approchant le point G du point A, on diminuë la force de la Puiſſance, & on augmente le mouvement de la régle ; donc il faudra augmenter la Puiſſance A. Ce qu'il &c.

Propoſition 224.

Figur.104.   Si la ligne A D eſt moienne entre la ligne A C, & ſa moitié A H, la Puiſſance A qui fera mouvoir la régle autour du point D, ſera moindre que quelqu'autre Puiſſance A qui feroit mouvoir la régle autour de quelqu'autre point G. Remarquons d'abord que les lignes A D, A G peuvent exprimer les vîteſſes de ces deux Puiſſances, & que les quarrez A D, D C exprimant le mouvement de la régle qui tourne autour du point D, expriment auſſi la force de la Puiſſance qui la fait tourner, & que de même les quarrez A G, G C expriment la force de la Puiſſance qui fait tourner la régle autour du point G. Pour donc démontrer que la premiere Puiſſance eſt moindre que la ſeconde, il faut démontrer que ſa vîteſſe A D a plus grande raiſon à la vîteſſe A G, que les quarrez A D, D C n'en ont aux quarrez A G, G C, ou ce qui eſt le même, que le produit des quarrez A D, D C par la vîteſſe A G, eſt moindre que le produit des quarrez A G, G C par la vîteſſe A D. Suppoſons A G moindre que A D.

Démonſtr Les quarrez A D, D C ſurpaſſent les quarrez A G, G C des deux rectangles A G D, moins deux rectangles C D G ; donc ſi on multiplie les quarrez A D, D C, & les quarrez A G, G C par la ligne A D, le produit des premiers ſurpaſſera le produit des ſeconds de deux parallelipipedes qui auront les dimenſions A D, A G, G D, moins deux parallelipipedes qui auront les dimenſions A D, G D, D C. Mais ſi on multiplie les quarrez A D, D C par A G ſeulement, il faudra retrancher de leur produit un parallelipipede qui aura les quarrez A D, D C pour baſe, & la ligne G D pour hauteur : donc le produit des quarrez A D, D C par A G avec deux parallelipipedes qui ont les dimenſions A D, G D, D C, & un parallelipipede qui a les quarrez

A D,

A D, D C pour baſe, & la ligne G D pour hauteur, vaut le produit des quarrez A G, G C par A D avec deux parallelipipedes qui
ont les dimenſions A D, A G, G D.   Mais les trois parallelipipedes que nous avons joints au premier produit, valent le produit du
quarré A C par G D, qui vaut plus que les deux parallelipipedes
que nous avons joints au ſecond produit ; car par la ſuppoſition
deux quarrez A D valant un quarré A C, deux rectangles A D,
A G valent moins que le quarré A C : donc le premier produit eſt
moindre que le ſecond.   Ce qu'il &c.

Si on fait A G plus grande que A D ; le produit des quarrez
A D, D C par A G avec deux parallelipipedes qui auront A D,
A G, G D pour leurs dimenſions, vaudra le produit des quarrez
A G, G C par A D avec le produit du quarré A C par G D, qui
alors ſera moindre que les deux parallelipipedes précédens, ce qui
prouvera de même la propoſition.

§. IV.

Ce que les differentes figures des corps peuvent changer aux régles
précédentes.

Propoſition 225.

SI le centre de gravité de la ligne A B eſt plus proche du point Fig. 105.
B que du point A, la Puiſſance A fera plus aiſément tourner la
ligne A B ſur quelque point entre D & B, que ſur le point D, qu'on
aura déterminé comme dans la précédente.

Démonſtr. Puiſque les poids qui chargent la ligne A B, ſont plus
proches du point B, que du point A ; les mouvemens de la régle
croîtront en moindre raiſon que les quarrez A D, D C : mais en
avançant le point D du point B, d'un eſpace infiniment petit, on
augmente autant la force de la Puiſſance, que le mouvement de la régle quand ſon centre de gravité eſt au milieu [a] ; donc dans la ſup-   a
poſition préſente on augmente plus la force de la Puiſſance que le Précéd.
mouvement de la régle : donc la Puiſſance tournera plus aiſément la
régle ſi on avance le point D du point B.   Ce qu'il &c.

Corollaire.

On trouvera ſans peine par la même voye le point où la régle tournera plus aiſément, quand on aura déterminé ſon centre de gravité.

M ij   *Propo.*

Propofition 226.

La Puiffance A ne peut pas mouvoir plus aifément la régle A B autour d'un de fes points , que quand elle la fera tourner autour du point
B , aprés y avoir ramaffé tout fon poids , & tous fes obftacles.

Démonftr. En ce cas le mouvement de la régle fera le plus petit
qu'il fe pourra , & la force de la Puiffance la plus grande qu'il fe
pourra : donc la Puiffance ne pourra pas mouvoir la régle fur nul autre de fes points plus aifément.   Ce qu'il &c.

Fin du premier Livre.

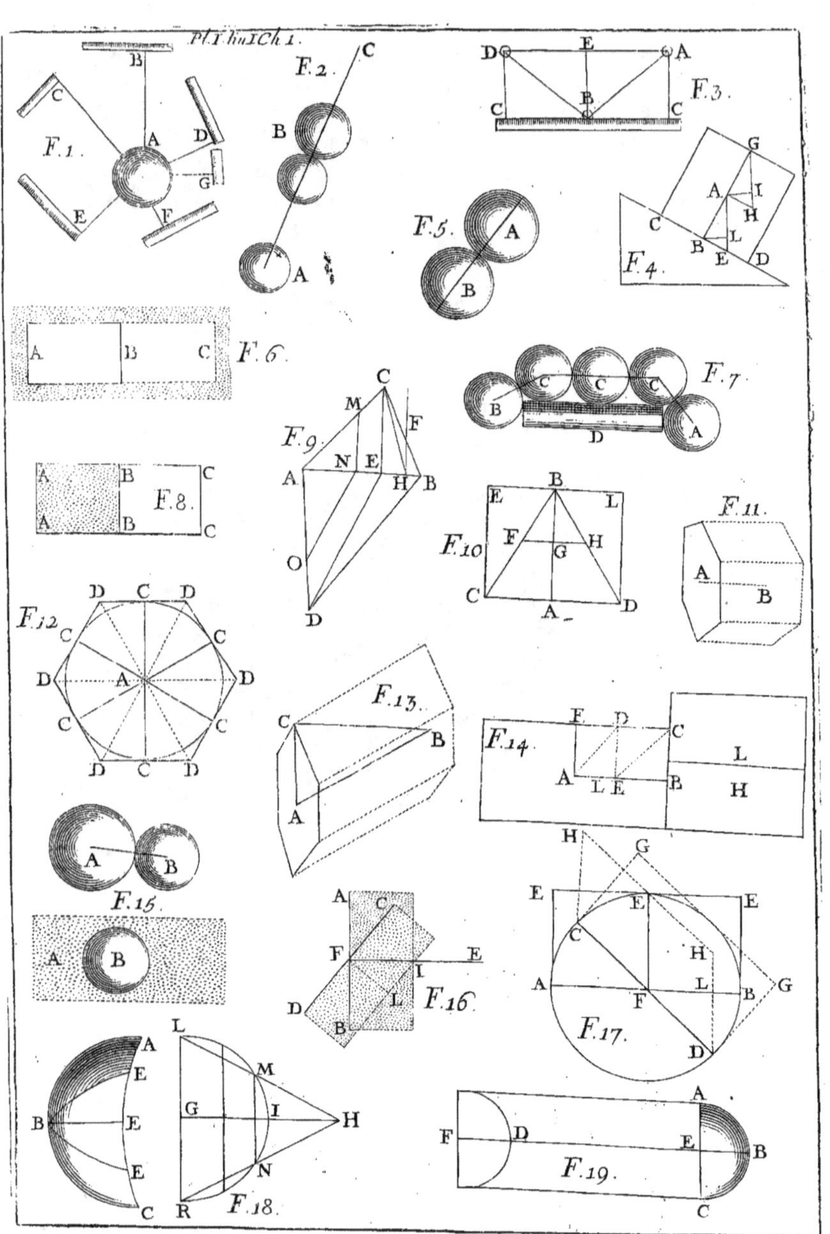

Pl. I hu I Ch 1.
F.1.
F.2.
F.3.
F.4.
F.5.
F.6.
F.7.
F.8.
F.9.
F.10.
F.11.
F.12.
F.13.
F.14.
F.15.
F.16.
F.17.
F.18.
F.19.

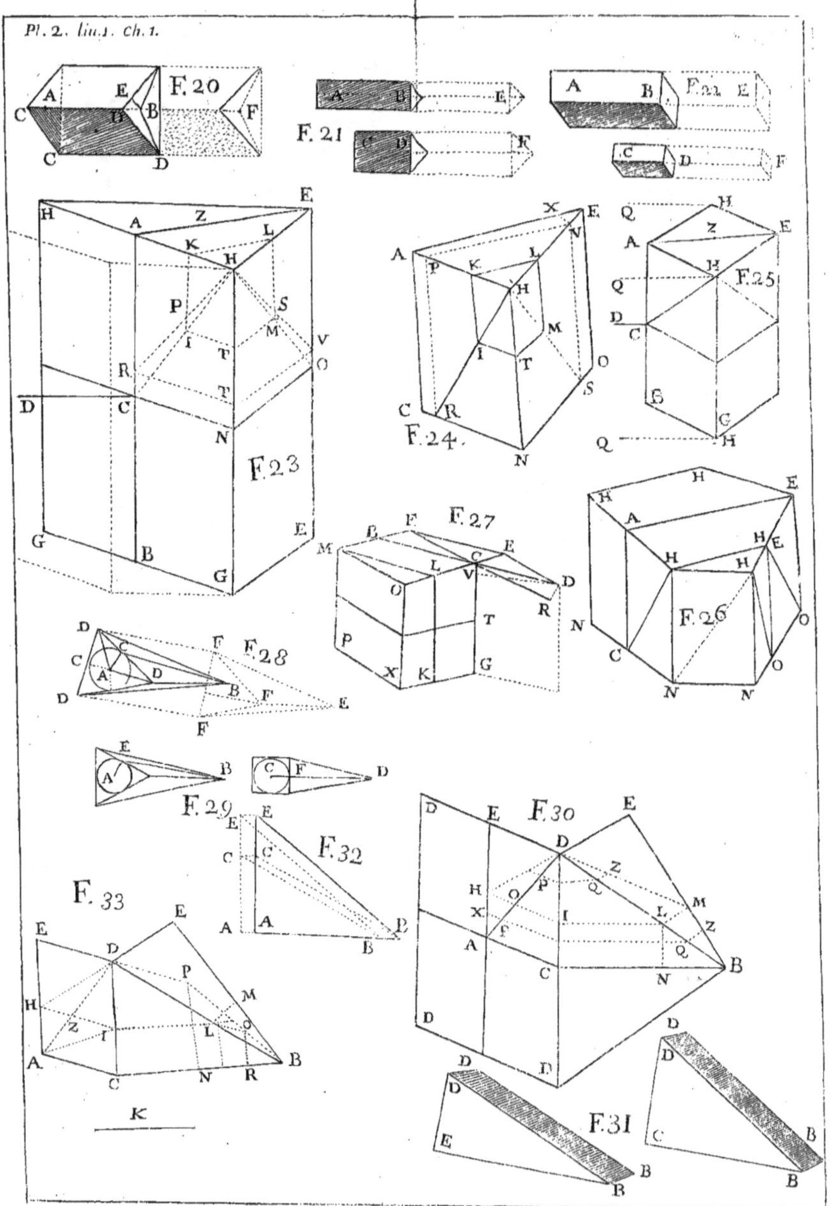

F. 20
F. 21
F. 22
F. 23
F. 24
F. 25
F. 26
F. 27
F. 28
F. 29
F. 30
F. 31
F. 32
F. 33

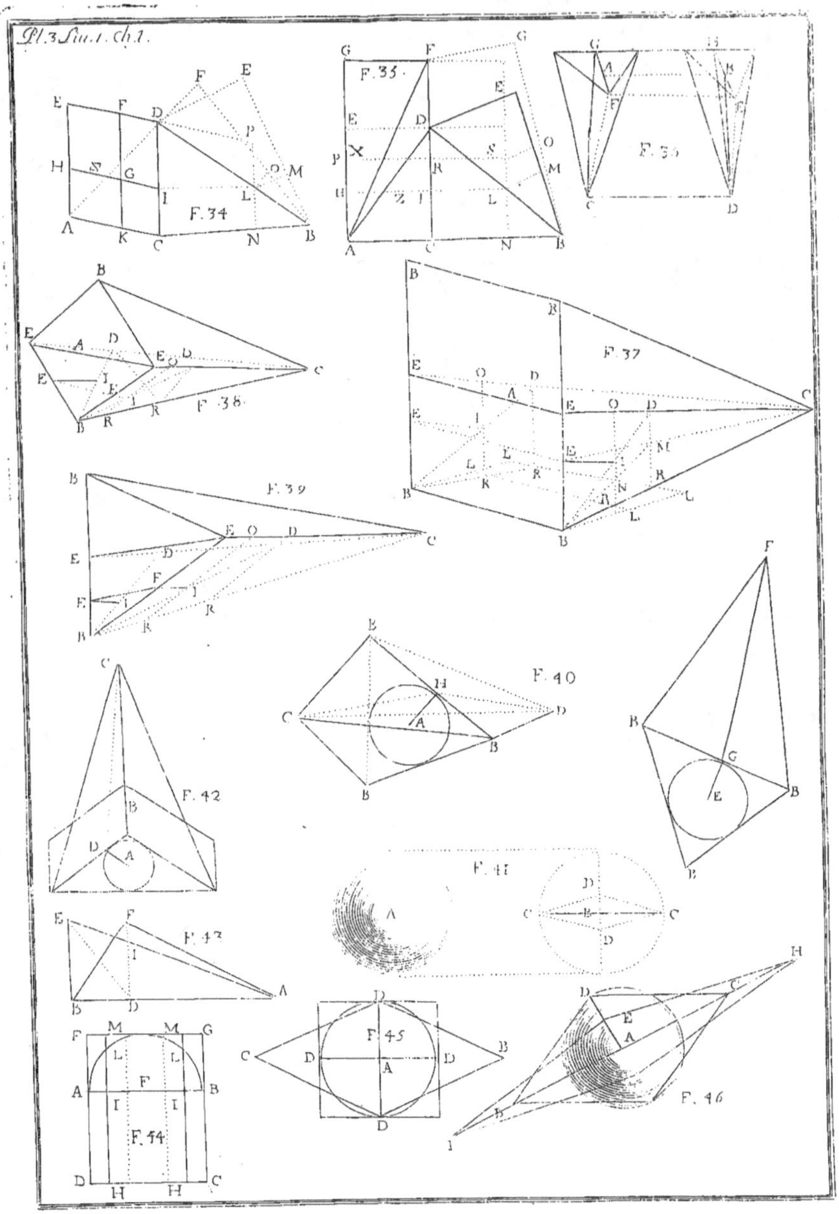

Pl. 3. Liu. 1. Ch. 1.
F. 34
F. 35
F. 36
F. 37
F. 38
F. 39
F. 40
F. 41
F. 42
F. 43
F. 44
F. 45
F. 46

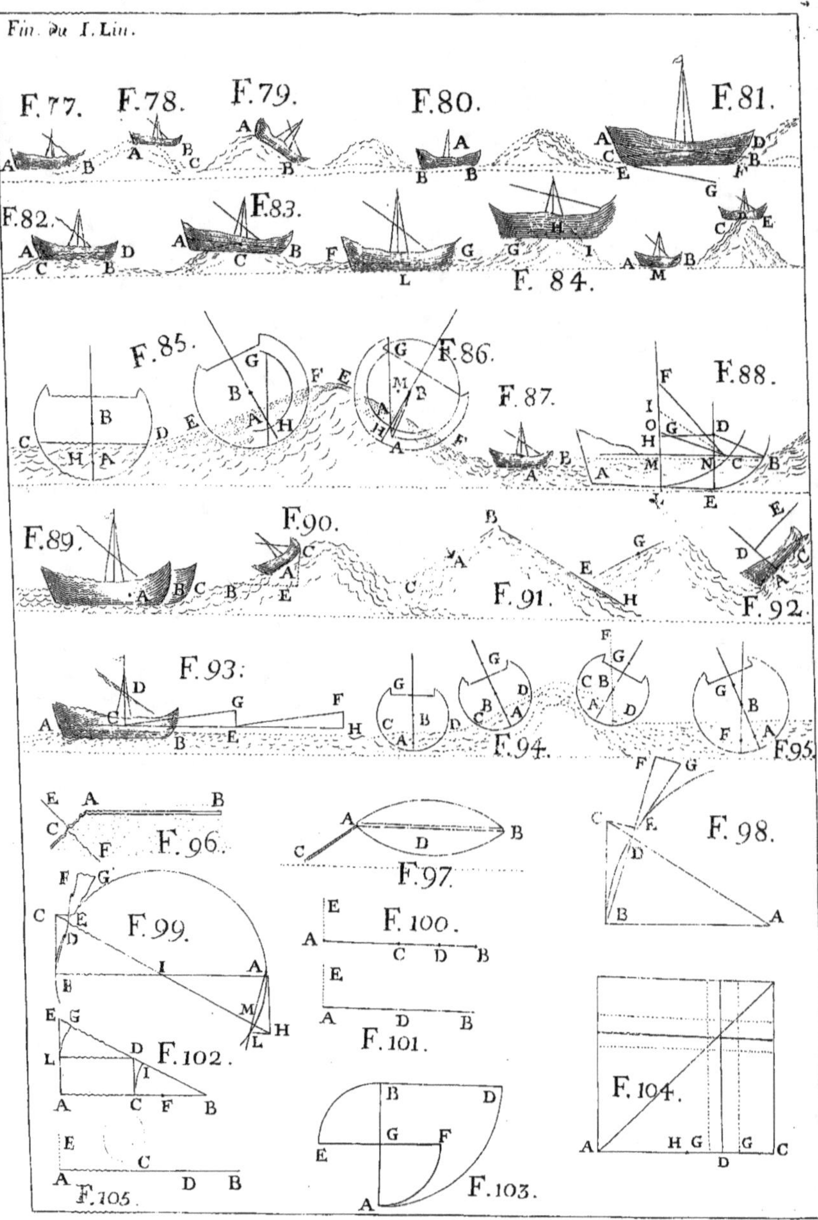

Fin. du I. Liu.
F.77. F.78. F.79. F.80. F.81.
F.82. F.83. F.84.
F.85. F.86. F.87. F.88.
F.89. F.90. F.91. F.92.
F.93. F.94. F.95.
F.96. F.97. F.98.
F.99. F.100.
F.101.
F.102.
F.103.
F.104.
F.105.

THEORIE
DE LA CONSTRUCTION
DES
VAISSEAUX.

LIVRE SECOND.
De la solidité des Vaisseaux.

EXPLICATION DU SUJET.

A solidité du Vaisseau semble la moins considerable de ses qualitez. On est persuadé que les Vaisseaux vont mieux, quand ils sont moins liez & moins solides : cela suffit pour faire que le Constructeur se mette peu en peine que son Vaisseau dure long-temps. Aussi voions-nous si fort négliger la solidité des Vaisseaux, qu'ils tombent un an aprés être sorti du Chantier ; & qu'en moins de dix ans ils sont hors de service, si on ne les radoube incessamment. Les Vaisseaux manquent toûjours par les mêmes endroits, sans qu'on pense à fortifier ce qu'ils ont de plus foible, pour les rendre également forts en toutes leurs parties, autant qu'il se peut. Je sçai que la chose n'est pas facile ; mais les dépenses énormes que les Etats sont obligez de faire pour entretenir leurs Vaisseaux, méritent bien qu'on examine un point si essentiel. C'est ce que je me suis proposé dans ce second Livre de mon Ouvrage. Pour cela il m'a fallu traiter à fond de la force des corps pour soûtenir l'effort des Puissances qui tendent à les diviser. Je sçai que Galilée à déja traité cette matiere, & je consens qu'on ne m'attribuë que ce que j'ay ajoûté aux découver-

M iij

tes

tes de cet Autheur : quoique les voyes que j'ai tenuës ſoient tout à fait differentes. J'ai enſuite examiné les efforts particuliers que quelques parties du Vaiſſeau doivent ſoûtenir : & il me ſemble avoir mis les choſes en un point, qu'il ſera aiſé de déterminer la figure de toutes les pieces du Vaiſſeau, afin qu'il ſoit également fort en toutes ſes parties. Je me flatte auſſi que mon Livre ne ſera pas inutile à l'Architecture Civile, puiſqu'il fournit une voye aiſée de ſupputer non ſeulement la force de toutes les charpentes : mais encore celle des murs, des voutes, & de toutes les autres parties d'un Bâtiment.

Afin de tirer de ce ſecond Livre toutes les régles néceſſaires pour rendre les Vaiſſeaux ſolides : il faut que nous y conſiderions quatre choſes en général : ſçavoir. 1. La force des parties qui peuvent compoſer les Vaiſſeaux. 2. La force de leurs liaiſons. 3. L'effort qu'elles doivent ſoûtenir. 4. La maniere dont elle peuvent ſe fortifier les unes les autres.

CHAPITRE PREMIER.

La force des parties qui peuvent compoſer les Vaiſſeaux.

§. I.

Quelques ſuppoſitions.

I.

POur diviſer un corps, il faut un plus grand mouvement, que celui qui unit les parties qu'on en ſepare.

I I.

Figur. 1.   Les parties C A, C B du corps A B peuvent être ſéparées par la ſection C en pluſieurs manieres. 1. Si on tire les parties C A, C B par des mouvemens contraires. Cette maniere de diviſer eſt tres-difficile, & elle demande un grand mouvement dans les parties C A, C B : parceque toutes les parties qui lient A C avec B C doivent être ſéparées en même temps, & qu'elles doivent être ſéparées avec une vîteſſe égale à celle des Puiſſances appliquées aux parties C A, C B.

Figur. 2.   2. Si on met le corps A B ſur le joug C, & qu'on charge les points A, & B ; on pourra rompre le corps A B au point C, & la maniere eſt plus aiſée ; parceque les parties qui lient C A & C B, ne ſont pas diviſées toutes en même temps avec une vîteſſe égale à celle des Puiſſances A, & B.

Figur. 3.   3. Si on pouſſe le corps C contre le corps A B qui eſt fixe, on

pourra

pourra divifer le corps A B au point C ; mais afin de le faire aifément, il faut que le corps C chaffe peu de parties en même temps,
& avec peu de vîteffe : c'eft-à-dire qu'il faut que le corps C foit bien
aigu du côté qu'il préfente au corps A B.

4. Si on preffe les bouts A & B du corps A B l'un contre l'au- Figur. 4.
tre ; on pourra le rompre en quelque point C d'une maniere affez
aifée : parceque les parties fe féparent avec des vîteffes inégales, &
toûjours moindres que la vîteffe des Puiffances A, B.

Propofition 1.

Quand on divife le corps A B au point C, de la premiere manie- Figur. 1.
re, fa réfiftance, ou la force qu'il a pour réfifter aux Puiffances qui
le divifent, croît en même raifon, que le plan de la divifion, ou en
raifon doublée du contour de fa divifion.

Démonftr. La force du corps A B pour s'empêcher d'être divifé
par la divifion C, croît en même raifon que le nombre des parties
qu'il faut féparer, pour divifer C A de C B : mais ce nombre croît en
même raifon que le plan de la fection C qu'elles compofent ; donc la
force du corps A B pour s'empêcher d'être divifé au point C, ou
fa réfiftance croît en même raifon que le plan de fa divifion. Ce
qu'il &c.

Corollaire.

La force des cordes croît en raifon doublée de leur contour, & en
même raifon que leur poids, quand les longueurs font égales.

Propofition 2.

Si le cube A eft compofé d'une infinité de petits cubes rangez Figur. 5.
exactement les uns fur les autres, on ne pourra point mettre de poids
deffus, qu'il ne puiffe foûtenir.

Démonftr. Puifque les cubes qui compofent le cube A, font
exactement rangez les uns fur les autres, la direction du mouvement
que le poids leur communique ne tend nullement à les féparer, mais
feulement à les preffer les uns contre les autres : donc le poids quelque
grand qu'il foit ne les écartera pas ; donc le cube A pourra foûtenir
le poids. Ce qu'il &c.

Remarque.

Si à la place des cubes, on mettoit les petits globes qui pourroient
leur être infcrits ; ou fi ces petits cubes, & ces petits globes formoient
un prifme, ou un cylindre ; leur force n'en deviendroit pas moindre,
pourveu qu'ils fuffent rangez exactement les uns fur les autres.

Propofition

Proposition 3.

Figur. 6.   Si la colomne A B est composée de cubes, & de globes qui ne
soient pas exactement rangez les uns sur les autres ; on pourra mettre dessus un si grand poids, qu'elle se rompra.

Démonstr. Puisque les cubes, & les globes qui composent la colomne A B, ne sont pas exactement rangez les uns sur les autres, la
direction verticale du mouvement que le poids imprime aux plus éle-
vez, deviendra oblique , & horizontale dans les autres : donc leur
mouvement tendra à les écarter ; donc il pourra être si grand , qu'il
les écartera en effet, & que la colomne se rompra.   Ce qu'il &c.

Remarque.

La peine que le poids trouve à rompre la colomne de cette maniere , est tres-grande : parce qu'un grand nombre de parties doivent être
séparées avec beaucoup de vîtesse ; tandis que le poids n'a qu'un
mouvement fort lent.

Proposition 4.

Figur. 7.   Soit la corde A B dont le point A est fixe, & dont le point B est
attaché à un poids B. Je dis que si elle est également forte par tout,
on ne pourra pas si fort augmenter le poids, qu'il la rompe. Supposons que la force de la corde , ou le mouvement qui unit ses parties,
soit moindre d'une quantité infiniment petite , que le mouvement que
nous appellerons C.

Démonstr. Afin que le poids B rompe la corde en quelque point
D , il faut que les parties qui sont de part & d'autre du point D , soient
tirées avec un mouvement égal au mouvement C ; mais la partie EA
par exemple ne sera pas tirée avec un mouvement égal au mouvement C , puisqu'on suppose que le mouvement qui l'unit au point fixe A , est moindre que le mouvement C : donc le poids B ne rompra pas la corde. Ce qu'il &c.

Corollaire.

C'est sur cette démonstration qu'est fondé l'axiome suivant ; *Un
corps ne peut se rompre en nul de ses points , quand il n'y a pas
plus de raison qu'il se rompe en un point qu'en un autre : ou ; Un
corps se rompra plûtôt dans l'endroit le plus foible que dans les autres.*

§. II.

De la force des poutres rectilignes.

Proposition 5.

SOit la poutre ABC, dont la partie BC est enfoncée dans un Figur. 8. mur qui la tient immobile, & dont la partie BA est libre. Si quelque poids A portant sa partie BA sur FG, la rompt par la division BEF, le mouvement qui fait la division BEF pourra être exprimé par la grandeur de l'ouverture, ou par le corps BEF compris dans l'ouverture.

Démonstr. Le corps BEF exprime par sa face EF le nombre des parties qui sont divisées, & par les lignes qui joignent sa face EF à sa face EB, il exprime la vîtesse avec laquelle chacune de ces parties est divisée ; donc il exprime tout le mouvement de la division. Ce qu'il &c.

Proposition 6.

La même chose étant supposée ; le poids qu'il faudra au point A pour Figur. 9. rompre la poutre par la division EB, sera à celui qu'il faudra pour la rompre par la division EH, en raison doublée de la ligne EB à la ligne EH. Du point E décrivez les arcs AG, HL, BF, & tirez EF, EL.

Démonstr. Puisque le poids A dans l'une & dans l'autre division, a une même vîtesse AG : le poids qui fera la division FEB sera au poids qui fera la division LEH, comme le corps contenu dans l'ouverture BEF est au corps contenu dans l'ouverture HEL [a], ou comme la base BEF est à la base HEL qui lui est semblable, ou en raison doublée de la ligne BE à la ligne EH. Ce qu'il &c.

[a] Précéd.

Proposition 7.

La même chose étant supposée ; si on met au point H de la ligne Figur. 10. BA un poids égal au poids A, sa force pour rompre la poutre par la division BE sera à celle du poids A, comme BH à BA, en supposant que les parties de la poutre ne plient point. Tirez AA, & HH paralleles à la verticale BE.

Démonstr. Puisque les deux poids sont égaux, & qu'ils font la même ouverture à la poutre, leurs forces seront comme leurs vîtesses, ou comme les lignes EH, EA, ou comme leurs égales BH, BA. Ce qu'il &c.

Proposition 8.

La même chose étant supposée ; le poids A rompra plûtôt la poutre Figur. 10.

N

par

par la diviſion B E , que par une autre L H , s'il faut plus de mouvement pour la rompre par la diviſion L H , que par la diviſion B E.

Démonſtr. Pour faire la diviſion L H , il faut que la partie L H A
ſoit tirée d'un côté par le poids A , & que la partie L H B ſoit retenuë
de l'autre par le mur avec un mouvement plus grand que celui qui
unit ces deux parties ; mais la partie L H B n'eſt pas retenuë par le mur
avec un mouvement plus grand , que celui qui unit la partie L H B à
la partie L H A , puiſque la diviſion B E demande moins de mouvement , que la diviſion L H : donc le poids A ne rompra pas la poutre
par la diviſion L H , mais plûtôt par la diviſion B E. Ce qu'il &c.

Corollaire.

Il ſuffira dans la ſuite de ce traité , de montrer qu'une Puiſſance a
moins de peine à rompre un corps en un point qu'en un autre , pour
conclurre qu'elle le rompra plûtôt en ce point qu'en cet autre.

Propoſition 9.

Figur. 9.   Si la poutre A B eſt également épaiſſe par tout , & que la ligne B E
ſoit moins inclinée ſur B A que E H , le poids A aura moins de peine
à rompre la poutre B A par la diviſion B E , que par la diviſion E H.

Démonſtr. Puiſque B E eſt moins inclinée ſur B A que E H ,
l'angle E B A ſera plus grand que E H B : donc la ligne E H ſera plus
grande que E B : donc [a] le poids A aura moins de peine à rompre la
poutre A B par la diviſion B E , que par la diviſion E H. Ce qu'il &c.

[a] Prop. 6.

Propoſition 10.

Les mêmes choſes étant ſuppoſées ; le poids A aura plus de peine à rompre la poutre par la diviſion L H , que par la diviſion B E
qui lui eſt parallele.

Démonſtr. Puiſque les lignes B E , H L ſont paralleles , elles ſeront égales ; donc la force du poids A pour faire la diviſion B E ſera
à la force qu'il a pour faire la diviſion L H , comme B A à H A [d] :
donc le poids A aura plus de force , ou moins de peine à rompre la
poutre A B au point B qu'au point H. Ce qu'il &c.

[d] Prop. 7.

Propoſition 11.

Le poids A rompra plûtôt la poutre par la diviſion B E perpendiculaire à B A , que par nulle autre.

Démonſtr. Puiſque le poids A a moins de peine à rompre la poutre
par la diviſion B E , que par nulle autre égale , ou plus grande : & puiſqu'il n'y en a point de moins grande que B E qui eſt perpendiculaire

entre

entre les deux plans paralleles qui terminent l'épaiſſeur de la poutre, le poids A rompra la poutre plûtôt par la diviſion B E que par nulle autre. Ce qu'il &c.

Propoſition 12.

Les mêmes choſes étant ſuppoſées, quelque poids A pourra rompre la poutre par la diviſion B E.

Démonſtr. Puiſque le mouvement qui unit les parties de la poutre n'eſt pas infini, quelque poids A pourra leur communiquer un mouvement contraire plus grand ; donc il pourra rompre la poutre ; mais il la rompra plûtôt par la diviſion B E que par toute autre [a] ; donc il la rompra par la diviſion B E. Ce qu'il &c.

[a] Précéd.

Propoſition 13.

Si la même poutre eſt plantée de deux manieres dans un mur. 1. Enſorte que ſa largeur B E ſoit verticale. 2. Enſorte que ſon épaiſſeur B H ſoit verticale ; Je dis que le poids A qui rompra la poutre dans le premier cas, eſt au poids A qui la rompra dans le ſecond, comme la largeur B E de la poutre eſt à ſon épaiſſeur B H. Suppoſons donc que B E eſt double de B H.

[Figur. 11.]

Démonſtr. Puiſque la vîteſſe du poids eſt la même dans l'un & dans l'autre cas, l'angle B E F de l'ouverture ſera le même que l'angle B H F, & le triangle B E F ſera quadruple du triangle B H F [b] : mais la hauteur du priſme qui fait l'ouverture B H F, eſt double de la hauteur du priſme qui fait l'ouverture B E F : donc le priſme qui fait l'ouverture B H F eſt la moitié du priſme qui fait l'ouverture B E F : donc la peine du poids pour faire l'ouverture B H F eſt la moitié de la peine du poids qui fait l'ouverture B E F : donc le poids qui fera la premiere, ſera au poids qui fera la ſeconde, comme l'épaiſſeur B H de la poutre à ſa largeur B E. Ce qu'il &c.

[b] 19.6. Euc.

Propoſition 14.

Si deux poutres ont une même longueur hors du mur, & que leur largeur placée horizontalement ſoit auſſi la même ; mais que la ligne B E qui eſt verticale, & qui fait l'épaiſſeur dans l'une des deux, ſoit double de la verticale B H qui fait l'épaiſſeur dans l'autre, la réſiſtance de la premiere ſera quadruple de la réſiſtance de la ſeconde, ou la force du poids A qui rompra la premiere, ſera quadruple de la force du poids A qui rompra la ſeconde.

Démonſtr. Le triangle B E F qui fait l'ouverture de la premiere poutre, ſera quadruple du triangle B H F qui fait l'ouverture de la ſeconde [b] : mais les hauteurs des ouvertures étant les mêmes elles ſont

[b] Précéd.

 comme

comme leurs baſes ; donc la premiere ſera quadruple de la ſeconde ; donc la force du poids A qui ſera la premiere, ſera quadruple de la force du poids A qui ſera la ſeconde. Ce qu'il &c.

Corollaire.

La réſiſtance des poutres croît en raiſon doublée de leurs épaiſſeurs, pourveu que les largeurs ſoient les mêmes, & qu'on les place horizontalement. Si les largeurs & les épaiſſeurs des poutres croiſſent proportionnellement, leur réſiſtance croîtra en raiſon triplée de leurs dimenſions homologues, pourveu qu'elles ſoient placées ſemblablement. On ſuppoſe en tous ces cas, que les lignes B A ſont horizontales, & égales.

Propoſition 15.

Figur. 12.   Les mêmes choſes étant ſuppoſées ; ſi on diminuë l'épaiſſeur de la poutre de telle maniere que la courbe BHA ſoit une parabole dont AE eſt l'axe, & dont le côté droit eſt à BE, comme BE à BA : je dis que la poutre ſera également forte par tout par rapport au poids A ; c'eſt-à-dire que le poids A aura autant de peine à rompre la poutre par quelque diviſion LH, que par la diviſion BE, l'une & l'autre étant perpendiculaire à EA. Faiſons $LH = z$, $BE = a$, $EA = b$, $LA = x$, & ſuppoſons qu'en effet la réſiſtance LH de la poutre eſt égale à la réſiſtance BE ; c'eſt-à-dire que la force BE eſt à la force du poids A ſur le point B, comme la force LH eſt à la force du même poids A ſur le point H.

Démonſtr. La force du poids A ſur le point B, eſt à ſa force ſur le point H, comme AE à AL [a], ou comme b eſt à x : mais la réſiſtance BE eſt à la réſiſtance LH, comme le quarré de BE au quarré de LH [b], ou comme aa eſt à zz : donc $b : x :: aa : zz$; donc $bzz = aax$; donc $zz = \frac{aax}{b}$: donc la courbe BHA eſt une parabole dont A L, A E ſont les fleches par rapport aux appliquées perpendiculaires B E , L H , & dont le côté droit eſt $\frac{aa}{b}$. Ce qu'il &c.

   [a]
Prop. 7.

   [b]
Cor. Préc.

Remarque.

Nous déterminerons toutes les courbes qui doivent ſervir à nôtre deſſein par le calcul Algébrique, plûtôt que par des démonſtrations purement Géométriques, pour éviter une longueur exceſſive. D'ailleurs les courbes du troiſiéme degré nous forceront de recourir à l'Algébre ; & il eſt peu de gens qui ſoient verſez dans les courbes du ſecond genre , ſans ſçavoir pour le moins autant d'Algébre , que nous en emploierons dans nos calculs.

Propo.

Proposition 16.

Si on veut que la poutre également forte par tout, soit un Conoï- Fig. 13.
de produit par la circonvolution de la courbe BLAHE : alors b
sera à x, comme a_3 est à z_3, ^{c} & par conséquent $bz_3 = a_3x$, ou Cor. Préc. ^{c}
$z_3 = \frac{a_3x}{b}$ ce qui donne une parabole cubique.

Proposition 17.

Soient les poutres ACII, IIMM parfaitement égales : appuions Figur. 14.
la poutre ACII sur le joug E, & chargeons ses bouts par les poids
A, C, de telle maniere qu'elle se rompe au point B qui répond au
joug E par la verticale BE, & que l'ouverture soit FEF. Faisons
qu'en même temps la poutre IIMM appuiée sur les jougs I, I, &
pressée par une Puissance N dont la direction est la verticale NE, se
rompe aussi par l'ouverture FEF. Je dis que la vîtesse de la Puissance
N est moins grande que la vîtesse des poids A, C. Supposons encore
que les lignes BA, BC tombent sur FIG : alors les points A, C
feront sur les points G plus éloignez du point E, que les points I,
parceque EA ou EG est plus longue que EI : tirons donc la ligne
EG, qui coupera AM, CM aux points L, & la verticale BN
au point H sous le point E.

Démonstr. Puisque les poids A, C tombent sur les points G, leurs
vîtesses seront les lignes AL, CL égales à BH, ou plus grandes que
BE ; mais la vîtesse de la Puissance N est égale à NE, ou à BE ;
donc la vîtesse de la Puissance N est moindre que celle des poids A, C.
Ce qu'il &c.

Proposition 18.

Les mêmes choses étant supposées ; la vîtesse de la Puissance N est
du moins à la vîtesse des poids A, C, comme le sinus complement de
l'angle BEF qui fait la moitié de l'ouverture, au sinus total. Tirons AF.

Démonstr. Si la ligne AF étoit parallele à GG, le point F étant
infiniment prés du point B, on trouveroit AI à AL, comme FI à
FG ; mais si l'angle IAF est aigu, comme il le sera toûjours si l'angle
BEF n'est pas infiniment petit, la ligne AI sera plus à AL, que FI
à FG : donc AI sera du moins à AL, comme FI à FG, ou comme FI à EI égale à FG, ou comme le sinus de l'angle FEI complement de FEB au sinus total. Ce qu'il &c.

N iij   Coroll.

Corollaire.

Si on fait l'angle F E F , ou l'ouverture de la poutre infiniment petite , la vîtesse de la Puissance N sera égale à la vîtesse des poids A , C ; c'est pourquoi la Puissance N sera égale aux poids A , C.

Proposition 19.

Figur. 15.   Si le joug E n'est pas au milieu , & que les poids A , C qui sont en équilibre rompent la poutre ; il faudra distinguer deux ruptures, dont l'une est faite par le poids A , sçavoir B E F comme si la partie B C de la poutre étoit fixe dans un mur , l'autre est faite de même par le poids C.

Corollaire.

Pour déterminer la quantité des poids A , & C qui suffiront pour rompre la poutre , il faut trouver la quantité du poids A qui suffit pour la rompre lorsque sa partie B C est fixe dans un mur , & la quantité du poids C qui suffit pour la rompre lorsque sa partie B A est fixe dans un mur.

Proposition 20.

Figur. 16.   Soit la poutre A B dont les points A & B sont fixes sur la ligne A B , si la Puissance I poussant le milieu I de la poutre vers C la rompt par la rupture L C M , & que la Puissance H poussant quelqu'autre point H fasse la rupture égale G D F , les points A , C , D , B sont dans la circonferance d'un cercle : en supposant I C , H D paralleles.

Démonstr. Puisque les angles L C M , G D F sont égaux , leurs complemens A C B , A D B seront aussi égaux ; donc les points A , C , D , B sont dans la circonferance d'un cercle. Ce qu'il &c.

Proposition 21.

Si les ruptures ne sont pas infiniment petites , la ligne H D aura une plus grande raison à I C , que le rectangle A H B au rectangle A I B. Marquons les cordes C I N , & D H O.

Démonstr. Le rectangle D H O est au rectangle C I N , comme le rectangle B H A au rectangle B I A [b] ; mais I N étant plus grande que H O , le rectangle D H O est moins au rectangle C I N , que D H à C I [a] ; donc le rectangle B H A est moins au rectangle B I A , que D H à C I. Ce qu'il &c.

b
35.3. Euc.
a
1. 6. Euc.

Proposition 22.

Si les ruptures font infiniment petites, le rectangle AHB fera au rectangle AIB, comme DH à CI.

Démonstr. Puisque les angles LCM, GDF font infiniment petits, les lignes ADB, ACB approcheront infiniment de la ligne droite AB ; donc les lignes IN, HO feront infiniment longues & égales ; donc le rectangle DHO, fera au rectangle CIN, comme DH à CI ; donc le rectangle AHB fera aussi au rectangle AIB, comme DH à CI. Ce qu'il &c.

Proposition 23.

Les mêmes chofes étant supposées ; la Puiffance H fera à la Puiffance I, comme réciproquement le rectangle AIB au rectangle AHB.

Démonstr. Puisque les ouvertures LCM, GDF font égales, les mouvemens des Puiffances font égaux ; donc les Puiffances font réciproquement comme leurs vîteffes ; donc la Puiffance H eft à la Puiffance I, comme réciproquement CI à DH, ou [b] comme le rectangle AIB au rectangle AHB. Ce qu'il &c.

^b Précéd.

Proposition 24.

Les mêmes chofes étant supposées ; la réfistance de la poutre ou fa force au point I, eft à fa réfistance ou à fa force au point H, comme le rectangle AHB au rectangle AIB.

Démonstr. La réfistance ou la force des points de la poutre, peut être exprimée par les poids qui peuvent la rompre dans ces points ; donc la force de la poutre au point I peut être exprimée par le poids I, & la force de la poutre au point H par le poids H : mais le poids I eft au poids H, comme le rectangle AHB au rectangle AIB [a] : donc la force de la poutre au point I eft à fa force au point H, comme le rectangle AHB au rectangle AIB. Ce qu'il &c.

^a Précéd.

Proposition 25.

Soit la poutre AB foûtenuë fur deux points fixes A & B qui font dans la même ligne que les points G, D. Je dis que la force du poids D fur le point G, eft à celle d'un poids égal G fur le même point G, comme AD à AG. Faifons que la poutre fe rompe au point G, & que la ligne AG tombe fur AE, le poids G tombera fur E & le poids D fur F, de maniere que GE fera à DF comme AG à AD [c].

Figur. 17.

^c 4. 6. Euc.

Démonstr. Puisque les poids D, G font égaux, leurs forces fur le point G feront comme leurs vîteffes, ou comme DF à GE, ou comme AD à AG. Ce qu'il &c.

Proposition

Propoſition 26.

La force du poids D ſur le point G , eſt à la force du poids D ſur le point H qui eſt entre G & D , comme réciproquement A G à A H.

Démonſtr. La force du poids D ſur le point D eſt à ſa force ſur le point H, comme A H à A D [d], & à ſa force ſur le point G, comme A G à A D ; donc [a] le produit du poids D par la ligne A D, eſt égal au produit de ſa force ſur le point H par la ligne A H, comme il eſt égal au produit de ſa force ſur le point G par la ligne A G ; donc ces deux derniers produits ſont égaux ; donc les termes qui les compoſent ſont en raiſon réciproque : donc la force du poids D ſur le point H eſt à la force du poids D ſur le point G , comme A G à A H. Ce qu'il &c.

Précéd. [d]
[a]
16, 6. Euc.

Propoſition 27.

Les mêmes choſes étant ſuppoſées ; ſi le poids D eſt plus prés du point A que du point B, il rompra plûtôt la poutre au point D, qu'en nul autre H qui eſt entre B & D.

Démonſtr. La force que le poids D fait ſur le point D eſt à celle qu'il fait ſur le point H, comme A H à A D [d] : mais la réſiſtance du point D eſt moins à la réſiſtance du point H, que A H à A D [b] ; car le rectangle A H B eſt moins au rectangle A D B que A H à A D [c] : donc la force du poids D ſur le point D a une plus grande raiſon à la réſiſtance du point D, que la force du poids D ſur le point H n'en a à la réſiſtance du point H : donc la force du poids D ſurpaſſera plûtôt la réſiſtance de la poutre au point D, qu'en nul autre point H. Ce qu'il &c.

Prop. 25. [d]
Prop. 24. [b]
1, 6. Euc. [c]

Propoſition 28.

Les mêmes choſes étant ſuppoſées ; le poids D rompra plûtôt la poutre au point D, qu'en nul autre point L entre A & D.

Démonſtr. La force du poids D ſur le point D étant à la force du poids D ſur le point L, comme B L à B D [d] , elle ſera plus grande : mais la réſiſtance du point D eſt moindre que la réſiſtance du point L [a] : donc la force du poids D ſur le point D aura une plus grande raiſon à la réſiſtance du point D, que la force du poids D ſur le point L n'en a à la réſiſtance du point L ; donc le poids rompra plûtôt la poutre au point D qu'au point L. Ce qu'il &c.

Prop. 25. [d]
Prop. 24. [a]

Propoſition 29.

Figur. 18.   Soit encore la poutre A C appuiée ſur les points fixes A , C , & chargée du poids E. Si la courbe C H E qui termine ſon épaiſſeur eſt

une

une parabole dont CH , CE soient les flêches de l'axe, & HH,
EE les appliquées, & dont le côté droit soit à EE, comme EE à
EC, la poutre sera aussi forte au point E par rapport au poids E, qu'en
tous les autres points entre E & C. On dira le même de la courbe
EHA. Supposons qu'en effet la poutre est aussi forte au point E qu'au
point H, & faisons le poids E, & la force de la poutre au point
$E = a$, la ligne $EE = b$, la ligne $EA = c$, la ligne $EC = d$, la ligne $HH = z$, $HC = y$ & $HA = x$.

Démonstr. Puisque la force du poids E sur le point E est à sa force sur le point H, comme AH à AE[b] ; nous aurons $x : c :: a :$ la
force du poids E sur le point H, qui sera par conséquent $\frac{ac}{x}$.

[b] Prop. 27.

D'ailleurs si la ligne HH étoit égale à EE, la résistance du point H
seroit à la résistance du point E, comme le rectangle CEA au rectangle CHA[a] ; donc $xy : cd :: a :$ résistance du point H qui seroit
$\frac{cda}{xy}$; mais comme le quarré EE est au quarré HH, ainsi la rési-

[a] Prop. 24.

stance qu'auroit le point H est à la résistance qu'il a en effet[b] ; donc
$bb : zz :: \frac{cda}{xy} :$ résistance véritable du point H qui est $\frac{cdazz}{vbxy}$; mais

[b] Pr. 14. Cor

la résistance du point H est égale à la force du poids E sur le point H ;
donc $\frac{cdazz}{vbxy} = \frac{ac}{x}$ ou $zz = \frac{bby}{d}$; donc le quarré de l'appliquée
HH est égal au rectangle sur la flêche HC, & sur le côté droit
$\frac{bb}{d}$ qui est à EE, comme EE est à EC. Ce qu'il &c.

Proposition 30.

Si on vouloit que la poutre fut un conoïde décrit par la circonvolution de la courbe AHEHC autour de son axe AC, on[b] trouveroit $z^3 = \frac{b^3 y}{d}$ qui donneroit une parabole cubique.

[b] Pr. 14. Cor

Proposition 31.

Soit encore une poutre AB chargée de deux poids égaux C, D
également éloignez des points A, B sur quoi elle est appuiée ; la force qu'ils font sur le point C est à la force que le poids C fait sur le même point C, comme BA à DA.

Démonstr. La force que le poids D fait sur le point C, est à la
force que le poids C fait sur le point C, comme BD à BC ; ou comme BD à DA ; donc en composant, la force du poids D & du poids
C sur le point C, est à la force du poids C sur le point C, comme
BA à DA. Ce qu'il &c.

Propo

Proposition 32.

La force que les poids C, D font sur le point H, est à la force que le poids C fait sur le point C, comme le rectangle C A B au rectangle A H B.

Démonstr. Puisque[c] A H : A C :: le poids C : la force que le poids C fait sur le point H, la force du poids C sur le point H sera égale au produit du poids C multiplié par A C, & divisé par A H : & par la même raison la force du poids D sur le point H sera égale au produit du poids C multiplié par B D, ou A C, & divisé par H B : donc[d] si on multiplie le poids C par le rectangle C A B, & qu'on le divise par le rectangle A H B, on aura la force que les deux poids font sur le point H : donc[a] cette force est au poids C, ou à la force que le poids C fait sur le point C, comme le rectangle C A B au rectangle A H B. Ce qu'il &c.

[c] Prop. 25.

[d] Arith.

[a] 16,6. Euc.

Proposition 33.

La force que font les deux poids sur le point H est à celle qu'ils font sur le point G, comme le rectangle A G B au rectangle A H B.

Démonstr. La force des deux poids sur H est au poids C, comme le rectangle C A B au rectangle A H B[b]. De même la force des deux poids sur le point G sera au poids C, comme le rectangle C A B au rectangle G A B : donc la force des deux poids sur le point H est à la force des deux poids sur G, comme le rectangle A G B au rectangle A H B. Ce qu'il &c.

[b] Précéd.

Proposition 34.

Les mêmes choses étant supposées ; les deux poids ne rompront pas plûtôt la poutre au point H, qu'en un autre point G entre les deux points C, D.

Démonstr. La résistance du point H est à la résistance du point G, comme le rectangle A G B au rectangle A H B[c] : & la force des poids sur le point H est à la force des poids sur le point G, comme le rectangle A G B est au rectangle A H B[d] : donc la résistance du point H est à la force que les poids y font, comme la résistance du point G est à la force que les poids y font : donc les poids ne rompront pas plûtôt la poutre au point H, qu'au point G. Ce qu'il &c.

[c] Prop. 24.

[d] Précéd.

Proposition 35.

Si on prend quelque point I entre les points A & C : la force des poids

poids C, D ſur le point I ſera au poids C, comme la ligne A B à la ligne B I.

Démonſtr. La force du poids C ſur le point I eſt au poids C, comme B I à B C, & la force du poids D ſur le point I eſt au poids D, ou C, comme B I à B D, ou B I à A C [a] : donc ſi on multiplie le poids C par A B, & qu'on diviſe le produit par B I, on aura [d] la ſomme des forces que les poids font ſur le point I : donc cette ſomme eſt au poids C, comme A B eſt à B I. Ce qu'il &c.

[a] Prop. 25.
[d] Arith.

Propoſition 36.

La force des deux poids ſur le point I, eſt à la force des deux poids ſur le point C, comme B C à B I.

Démonſtr. La force des deux poids ſur le point I eſt au poids C, comme A B à B I [b] : & la force des deux poids ſur C eſt au poids C, comme A B à B C [c] : donc le poids C multiplié par A B, & diviſé par B I donnera la force des poids ſur le point I ; [d] & le poids C multiplié par A B, & diviſé par B C donnera la force des poids ſur le point C : donc la force des poids ſur le point I eſt à la force des poids ſur le point C, comme réciproquement le diviſeur B C eſt au diviſeur B I. Ce qu'il &c.

[b] Préced.
[c] Prop. 31.
[d] 16.6. Euc.

Propoſition 37.

Les deux poids rompront plûtôt la poutre au point C, qu'au point I.

Démonſtr. La réſiſtance du point I étant plus grande, que celle du point C [a], & la force des poids ſur le point I étant moindre, que celle des poids ſur le point C, ils rompront plûtôt la poutre au point C. Ce qu'il &c.

[a] Prop. 24.

Propoſition 38.

Si la courbe C I A qui termine l'épaiſſeur de la poutre, eſt une parabole dont A C, A I ſoient les flèches, C C, I I les appliquées, & dont le côté droit ſoit à C C, comme C C eſt à C A ; la poutre ſera auſſi forte contre les poids au point I, qu'au point C. Suppoſons qu'en effet elle eſt auſſi forte au point I, qu'au point C, & faiſons la force des poids ſur $C = a$, $AC = b$, $CC = c$, $AI = x$, $II = z$, $BC = d$.

Figur. 20.

Démonſtr. Puiſque la force des poids ſur C eſt à la force des poids ſur I, comme B I à B C : nous aurons $b + d - x : d :: a :$ force des poids ſur I, qui par conſéquent ſera $\dfrac{d\,a}{b+d-x}$; d'ailleurs la réſiſtance du point C, ou la force des poids ſur le point C, ſeroit à la réſiſtance du

point

point I, si II étoit égale à C C, comme le rectangle A I B au rectangle A C B[a] ; donc $bx + dx - xx : bd :: a$: la résistance qu'auroit alors le point I, & qui par conséquent seroit $\frac{abd}{bx + dx - xx}$: mais la véritable résistance du poids I est à cette résistance supposée, comme le quarré de II au quarré de C C ; donc $zz : cc :: \frac{da}{b+d-x} : \frac{abd}{bx+dx-xx}$; donc $\frac{abdzz}{bx+dx-xx} = \frac{adcc}{b+d-x}$ ou $zz = \frac{ccbx + ccdx - ccxx}{bb+bd-bx,}$; donc en divisant les deux termes de la seconde quantité par $b + d - x$, on aura $zz = \frac{ccx}{b}$. Ce qu'il &c.

a
Prop. 24.

Proposition 39.

Si on veut que la poutre soit un conoïde fait par la circonvolution de la courbe B I D C A ; on trouvera $z^3 = \frac{c^3 x}{b}$ qui donnera une parabole cubique depuis A jusques au point C, & depuis B jusques au point D, & l'entre-deux sera un cylindre.

Proposition 40.

Les poids C, D rompront la poutre, quand la force qu'ils font sur un des deux points C, D sera plus grande que la résistance de ce même point.

Démonstr. Puisque les deux points ont une égale résistance, & un égal effort à soûtenir ; ils ne pourront pas succomber l'un plûtôt que l'autre : donc ils ne succomberont que quand les poids pourront les surmonter tous deux ensemble ; donc ils ne succomberont que quand la somme des forces sera plus grande, que la somme des résistances ; ou quand chaque force sera plus grande que chaque résistance. Ce qu'il &c.

Proposition 41.

On ne pourra pas diminuër si peu l'épaisseur de la poutre entre les points C, D, qu'elle ne rompe plûtôt au point H, où on l'aura diminuée, qu'au point C. Prenons quelque point O entre D & C infiniment proche du point C.

Démonstr. Puisque l'épaisseur H H est moindre que l'épaisseur O O ; la poutre rompra plûtôt au point H, qu'au point O[a] : mais le point O est le même que le point C dont il est infiniment proche ; donc la poutre rompra plûtôt au point H, qu'au point C. Ce qu'il &c.

a
Prop. 34.

Proposition 42.

On prouvera de même qu'on ne peut pas ajoûter un poids si petit

au

au point H, que la poutre ne rompe plûtôt au point H qu'au point C. Ce qui marque que la réſiſtance du point C, eſt moindre que la réſiſtance des points H par rapport aux poids C, D, d'une quantité ſeulement, qui eſt infiniment petite.

Propoſition 43.

On démontrera de même qu'on ne ſçauroit augmenter un des poids ; ſans faire que la poutre rompe plûtôt dans le point où on l'augmente.

Propoſition 44.

Si on approche le poids D du milieu H ; la poutre ſe rompra plûtôt au point P où on l'aura mis, qu'en nul autre.

Démonſtr. Puiſque la force du poids D ſur le point P s'eſt plus augmentée, que la force du même poids ſur les autres points, ſans que ſa réſiſtance ait crû par rapport à la réſiſtance des autres points ; la raiſon de la réſiſtance du point P à la force qu'il doit ſoûtenir, ſera moindre que la raiſon de la réſiſtance des autres points à la force qu'ils doivent ſoûtenir : donc la poutre ſe rompra plutôt au point P qu'en nul autre. Ce qu'il &c.

Propoſition 45.

On démontrera de même que ſi on éloigne le poids D du milieu H, en le mettant au point I, la poutre rompra plûtôt au point I, qu'en nul autre point.

Propoſition 46.

Si le poids D eſt plus grand que le poids C, & que le quarré de la ligne D D ſoit au quarré de la ligne C C, comme la force des poids ſur D eſt à la force des poids ſur C, la poutre ne rompra pas plûtôt au point D qu'au point C.

Démonſtr. Puiſque les points C, D ſont également éloignez des points d'appui A & B, leur réſiſtance ſera comme le quarré de leur épaiſſeur [a] ; donc elle ſera comme l'effort qu'ils doivent ſoûtenir ; donc le point D réſiſtera à l'effort qu'il ſoûtient, comme le point C à celui qu'il ſoûtient ; donc la poutre ne rompra pas plûtôt au point D qu'au point C. Ce qu'il &c.

Propoſition 47.

Les mêmes choſes étant ſuppoſées ; la figure D I B, & la figure C I A ne changeront pas de nature.

Démonſtr. Les deux poids C, D font le même effort ſur les par-

ties DIB , que ſi on mettoit au point D un poids égal à l'effort que
les poids C , D font ſur le point D [a] : donc la figure DIB, ou
CIA devra être la même, ſoit qu'on augmente le poids D ſeul, ſoit
qu'on les augmente tous deux également. Ce qu'il &c.

Pro. 38.

Propoſition 48.

On trouvera que la ligne DC ſera une partie d'une parabole , ſi
on veut ſuivre les voyes que nous avons tenuës dans les propoſitions
précédentes.

Propoſition 49.

Si on éloigne le poids D du milieu de la poutre , on trouvera de
même l'épaiſſeur DD , & la figure parabolique CD.

Propoſition 50.

Si on met un troiſiéme poids au point H , on trouvera de même
que les figures CIA , DIB ne devront pas changer de nature , &
que les figures HC , HD ſeront paraboliques.

Remarque.

Pour diminuër la peine que pourroient trouver des gens moins ac-
coûtumez au calcul, en voulant ſuivre les voyes que nous avons tenuës dans les propoſitions précédentes : j'en vais donner un exemple,
qui ſervira de démonſtration à la propoſition 48. Faiſons le poids
$C = a$, le poids $D = b$, la ligne $AC = c$, la ligne $AD = d$, la ligne $DD = f$, la ligne $BH = z$, & la ligne $HH = y$. Nous trouverons que la force du poids C ſera à la force qu'il fait au point D,
comme AD à AC, & par conſéquent $d : c :: a :$ force du poids C
ſur le point D ; donc cette force ſera $\frac{ac}{d}$, & tout l'effort que doit ſoûtenir le point D ſera $\frac{bd+ac}{d}$; donc la réſiſtance du point D ſera
$\frac{bd+ac}{d}$. De même on trouvera que l'effort des deux poids ſur le
point H ſera $\frac{acz+bcc+bdc-bcz}{cz+dz-zz}$. D'ailleurs ſi les épaiſſeurs DD , &
HH étoient égales, la réſiſtance du point D ſeroit à la réſiſtance du
point H, comme le rectangle BHA au rectangle BDA ; donc
$dz+cz-zz : dc :: \frac{bd+ac}{d} :$ la réſiſtance du point H, ſi HH
étoit égale à DD, qui ſeroit par conſéquent $\frac{bdc+acc}{dz+cz-zz} :$ mais cette réſiſtance eſt à la vraye réſiſtance du point H, comme le quarré DD
au quarré HH : donc $ff : yy :: \frac{bdc+acc}{dz+cz-zz} :$ la vraye réſiſtance du

poids

poids H, qui sera $\frac{bdcyy + accyy}{ffz + ffcz - firz}$; mais cette résistance doit aussi être égale à l'effort des poids C, D sur le point H : donc $acz - bcz + bcc + bdc = \frac{bdcyy + accyy}{ff}$, ou $yy = \frac{ffacz - ffbcz + ffbcc + ffbdc}{bdc + acc}$. Ce qui montre que la courbe est parabolique lorsque D n'est pas égal au poids C ; car alors ff ou DD seroit égale à yy, ou HH. Mais si le poids C est plus grand que le poids D, reduisez l'équation à celle-ci $yy = pz + q$, puis aiant fait $y = x + r$ nous aurons $xx = pz - 2rx - rr + q$, & faisant $rr = q$ nous aurons $xx = pz - 2rx$, par où nous verrons que CHD est une parabole dont la quantité z est un diamétre, & dont l'appliquée à l'axe sera plus grande que x d'une quantité exprimée par r, & dont l'axe sera plus grand que z d'une quantité exprimée par $\frac{rr}{p}$.

Proposition 51.

Si chaque point de la poutre AB soûtient un poids égal exprimé Figur. 21. par la perpendiculaire CD ; le triangle ADB exprimera la force que font tous les poids sur le point C. Tirons quelque ligne EF parallele à CD.

Démonstr. Puisque le poids E est à la force qu'il fait sur le point C, comme AC à AE, où comme CD à EF, la ligne EF exprimera la force du poids E sur le point C ; donc la somme de toutes les lignes EF, ou le triangle ADB exprimera la force de tous les poids sur le point C. Ce qu'il &c.

Proposition 52.

La force de tous les poids sur le point C est égale à la force de tous les poids sur tout autre point comme G.

Démonstr. Puisque la ligne GH égale à CD exprime le poids qui est sur le point G ; le triangle AHB égal au triangle ADB exprimera la force de tous les poids sur le point G, comme le triangle ADB exprime la force de tous les poids sur le point C[a] ; donc ces deux forces seront égales. Ce qu'il &c.

[a] Précéd.

Proposition 53.

Si la poutre AB est également chargée en tous ses points, & que Figur. 22. la courbe AECB qui détermine son épaisseur soit une ellipse dont AB est le grand axe, & CD la moitié du petit : je dis que la poutre sera également forte par tout, pour soûtenir les poids étant appuiée sur les points fixes A & B. Tirons FE parallele à DC, & faisons FA $= z$, FE $= x$, AB $= a$, DC $= b$, la force du point D $= c$.

Démonstr.

Démonstr. Si les épaisseurs D C, E F étoient égales, la résistance du point D seroit à la résistance du point F, comme le rectangle AFB au rectangle ADB [b], ou [c] comme le quarré D C au quarré FE ; donc $xx : bb :: c :$ la résistance du point F, qui seroit par conséquent $\frac{bbc}{xx}$; mais la vraie résistance du point F est à cette résistance suppo-sée, comme le quarré de E F au quarré de DC [d] ; donc $bb : xx :: \frac{bbc}{xx} :$ la vraie résistance du point F, qui sera par conséquent $= c$, c'est à dire égale à la résistance du point D ; mais la force des poids est aussi égale sur le point D, & sur le point F : donc le point F est aussi fort pour soûtenir les poids, que le point D. Ce qu'il &c.

Prop. 24. [b]
Nat.Ellip. [c]
Pr.14.Cor [d]

Corollaire.

Si les lignes A D, D C sont égales, la courbe sera un cercle.

Proposition 54.

Si on veut que la poutre A B soit un sphéroïde formé par la cir-convolution de la courbe A E C B autour de son axe, on trouvera que ce doit être une ellipse cubique. Reprenons les lettres précéden-tes pour exprimer les mêmes grandeurs.

Démonstr. Si les épaisseurs D C, E F étoient égales, la résistance du point D seroit à la résistance du point F, comme le rectangle A F B au rectangle ADB [a] ; donc $2az - zz : aa :: c :$ la résistan-ce qu'auroit pour lors le point F, qui seroit par conséquent $\frac{aac}{2az - zz} :$ mais la vraie résistance du point F est à cette résistance supposée, com-me le cube de F E au cube de D C : donc $b^3 : x^3 :: \frac{aac}{2az - zz} :$ la vraie résistance du point F, qui sera par conséquent $\frac{x^3 aac}{2b^3 az - zzb^3} .$; mais cette résistance doit être égale à la résistance D, puisque l'effort des poids est égal ; donc $aacx^3 = 2b^3 acz - czzb^3$ ou $x^3 = \frac{2b^3 az - zzb^3}{aa} .$; donc la courbe est une ellipse cubique. Ce qu'il &c.

Prop. 24. [a]

Proposition 55.

Soit encore la poutre ABG dont la partie BG est fixe dans un mur ; si on charge également tous ses points, la force qu'ils feront sur le point B sera à celle qu'ils feront sur un autre point C, comme le quarré AB au quarré A C. Faisons les perpendiculaires AD, AE égales aux lignes A B, A C, & tirons B D, CE.

Démonstr. Si le triangle B A D exprime la force des poids sur le point B, le triangle C A E exprimera la force des poids sur le point C [b] ; car la force du poids A étant exprimée par A D pour le point B,

Figur. 23.
Prop. 52. [b]

ne

ne ſera exprimée que par A E pour le point C[c] : mais le triangle BAD eſt au triangle C E A comme le quarré B A au quarré C A[d] : donc la force des poids ſur le point B eſt à la force des poids ſur le point C, comme le quarré A B au quarré C A.   Ce qu'il &c.

Prop. 7.
[c]
[d]
26. 6. Euc.

Propoſition 56.

La ligne B G étant l'épaiſſeur de la poutre, ſi on tire la droite A G, elle déterminera l'épaiſſeur de la poutre, afin qu'elle ſoit également forte aux points B & C.   Tirons CC parallele à B G qui rencontre G A au point C, & faiſons $BG = a$, $BA = b$, $CA = z$, $CC = x$, & la réſiſtance du point $B = c$, & la force de tous les poids ſur $B = c$.

Démonſtr. Si les épaiſſeurs étoient égales, les réſiſtances feroient égales au point B & au point C ; donc l'une & l'autre réſiſtance feroit c. Mais la vraie réſiſtance du point C eſt à ſa réſiſtance ſuppoſée, comme le quarré de CC au quarré de BG ; donc $aa : xx :: c :$ à la vraie réſiſtance du point C, qui par conſéquent ſera $\frac{cxx}{aa}$.

D'ailleurs la force des poids ſur B eſt à la force des poids ſur C, comme le quarré A B au quarré A C, donc $bb : zz :: c :$ à la force des poids ſur C, qui ſera par conſéquent $\frac{czz}{bb}$; donc $\frac{xxc}{aa} = \frac{czz}{bb}$ ou $xxbb = zzaa$; donc $xx : zz :: aa : bb$; donc $x : z :: a : b$; donc la ligne A G eſt droite[a].   Ce qu'il &c.

[a]
4. 6. Euc.

Propoſition 57.

Si on veut que la poutre ſoit un conoïde décrit par la ligne G C A autour de B A, alors la ligne A C G ne ſera plus une ligne droite, mais une parabole cubique.   Reprenons les lettres précédentes.

Démonſtr. On trouvera que la vraie réſiſtance du point C eſt $\frac{cz^3}{b^3}$, & par conſéquent $\frac{cz^3}{b^3} = \frac{xxc}{aa}$ ou $aaz^3 = xxb^3$ ou $z^3 = \frac{b^3xx}{aa}$.   Ce qu'il &c.

Propoſition 58.

Soit la poutre A B dont les deux bouts A & B ſont fixes dans deux murs ; le poids C ne pourra pas la rompre, par l'ouverture F N G, ſans la rompre en même temps par deux autres ouvertures.

Figur. 24.

Démonſtr. Le poids C ne peut pas porter la ligne C A ſur L N, & la ligne C B ſur N I ; ſans que la poutre ſe rompe entre C & A, & entre C & B, en ſuppoſant que la poutre ne peut pas plier, & que les bouts A, B ſont fixes dans le mur : donc le poids C ne peut pas rompre la poutre par l'ouverture F N G, ſans faire deux autres ouvertures.   Ce qu'il &c.

P

Propoſition 59.

Si le poids C en faiſant l'ouverture F N G, fait auſſi les ouvertures A M L, B H I, ces deux ouvertures priſes enſemble vaudront autant que l'ouverture F N G. Continuons C N juſques au point E.

Démonſtr. Puiſque les lignes verticales A M, N E ſont paralleles, les angles M N E, N M A ſeront égaux ; mais les angles M N F, N M L ſont auſſi égaux[d] ; donc les angles A M L, F N E ſont égaux ; donc l'ouverture F N G eſt égale aux deux ouvertures A M L, B H I. Ce qu'il &c.

_{d
34.1. Euc.}

Propoſition 60.

Si le poids C rompt la poutre A B au point C, il aura moins de peine en faiſant l'ouverture A M L, avec l'ouverture F N E, que s'il faiſoit quelqu'autre ouverture P R S. Suppoſons donc que la partie P R N C de la poutre tombe ſur R T N S, & que P R eſt verticale.

Démonſtr. Puiſque le triangle rectangle N R S a ſon côté R S égal au côté M L du triangle rectangle N M L, & que la baſe R N eſt moindre que la baſe N M, l'angle N R S ſera moindre que l'angle L M N, & par conſéquent l'ouverture P R S ſera plus grande que l'ouverture A M L ; donc [a] l'ouverture E N T ſera auſſi plus grande que F N E ; donc le poids C aura plus de peine à faire les ouvertures P R S, T N E, que les ouvertures A M L, F N E. Ce qu'il &c.

_{a
Précéd.}

Propoſition 61.

La peine que le poids C trouve à faire l'ouverture A M L, eſt à la peine qu'il trouve à faire l'ouverture P R S, comme N R à N M. Nous dirons le même des ouvertures F N E, T N E[e].

_{e
Prop. 59.}

Démonſtr. Puiſque les ouvertures A M L, P R S ſont entr'elles comme les ſinus des angles L N M, S N R qui leur ſont égaux, & que les lignes M L, R S étant égales, les ſinus des angles L N M, S N R ſont comme les rayons N M, N R [b], les ouvertures A M L, P R S ſeront entr'elles, comme les lignes N R, N M. Ce qu'il &c.

_{b
Trig.}

Propoſition 62.

Le poids C trouve deux fois autant de peine à rompre la poutre en quelque point C, que ſi la poutre étoit appuiée ſur les points fixes M, H.

Démonſtr. Puiſque le poids C rompra la poutre par les ouvertures

tures A M L , F E G , B H I , [a] qui valent deux fois l'ouverture FEG[b] ,
& que l'ouverture F E G eſt parfaitement la même ſoit que la poutre
ſoit fixe dans les murs , ou qu'elle ſoit ſeulement appuiée ſur M , H ,
le poids aura deux fois autant de peine , que ſi la poutre étoit ſeulement appuiée ſur les points M , H. Ce qu'il &c.

[a] Prop. 60.
[b] Prop. 59.

Propoſition 63.

La réſiſtance des points A , C , B eſt à la réſiſtance des points
A , P , B , comme le rectangle A P B au rectangle A C B , ſi les épaiſſeurs ſont par tout égales.

Démonſtr. Puiſque la peine du poids C à rompre la poutre au
point C eſt double de celle qu'il trouveroit à la rompre au point C,
ſi la poutre n'étoit qu'appuiée ſur les points M , H , & qu'il en eſt
de même du point P [b] , la peine du poids C à rompre la poutre aux
points A , C , B , ſera à la peine du poids pour la rompre aux points
A , P , B , comme ſa peine pour la rompre au point C ſeulement eſt
à ſa peine pour la rompre au point P ſeulement , ou comme le rectangle A P B au rectangle A C B [c] ; donc la réſiſtance des points
A , C , B eſt à la réſiſtance des points A , P , B , comme le rectangle
A P B au rectangle A C B. Ce qu'il &c.

[b] Précéd.
[c] Prop. 24.

Propoſition 64.

La réſiſtance des points P , C , B eſt à la réſiſtance des points
A , C , B , comme les lignes N M , N R ſont à N R priſe deux fois.

Démonſtr. Puiſque les ouvertures T N E , P R S ſont aux ouvertures A M L , F N E , [a] comme N M à N R , la réſiſtance des points
P , C , B ſera compoſée de la moitié de la réſiſtance des points A , C , B ,
& du produit de cette moitié par la ligne N M , diviſé par la ligne
N R ; donc ſi on multiplie la moitié de la réſiſtance des points A , C , B
par les lignes N M , N R , & qu'on diviſe le produit par N R , on aura
la réſiſtance des points P , C , B ; donc [d] la réſiſtance des points P , C , B
eſt à la réſiſtance des points A , C , B , comme les lignes N M , N R
à la ligne N R priſe deux fois. Ce qu'il &c.

[a] Prop. 61.
[d] 16.6. Euc.

Propoſition 65.

L'ouverture P R S eſt à la réſiſtance des points P , C , B , comme
la ligne N M aux lignes N M , N R priſes deux fois.

Démonſtr. Puiſque le produit de la moitié de l'ouverture F N G
par la ligne N M , diviſé par la ligne N R , fait l'ouverture P R S [a] ,
& que le produit de l'ouverture F N G par les lignes N M , N R ,
diviſé par la ligne N R fait la réſiſtance des points P , C , B [b] , l'ou-

[a] Pro. 61.
[b] Précéd.

P ij

verture

verture PRS ſera à la réſiſtance des points P, C, B, comme la ligne NM aux lignes NM, NR priſes deux fois[c].   Ce qu'il &c.

[c] 16,6. Euc.

Propoſition 66.

Figur. 25.

Les mêmes choſes étant ſuppoſées ; ſi le milieu D de la ligne A C eſt le ſommet de deux paraboles, dont les axes ſont D A, D C & dont le côté droit eſt à la ligne C E, comme la ligne C E priſe deux fois eſt à la ligne A C : la réſiſtance des points A, C, B ſera la même que la réſiſtance des points H, C, B. Suppoſons qu'en effet le poids A trouve autant de peine' à rompre la poutre aux trois points A, C, B, qu'aux trois points H, C, B, & faiſons la réſiſtance des trois points $A, C, B = 4a$, la ligne $A C = b$, la ligne $C E = c$, la ligne $C H = z$, & la ligne $H H = x$.

Démonſtr. Puiſque la réſiſtance des points A, C, B vaut $4a$, la

[d] Prop. 65.

réſiſtance des points H, C, B vaudra $2a + \dfrac{2ab}{z}$ [d], & la réſiſtance du

[a] Précéd.

point H vaudra $\dfrac{ab}{z}$ [a] ſi HH eſt égale à C E ; donc la vraie réſiſtance du point H ſera à $\dfrac{ab}{z}$, comme xx quarré de HH à cc quarré

[b] Prop. 14.

de C E [b] : donc la vraie réſiſtance du point H ſera $\dfrac{abxx}{ccz}$; donc en la mettant à la place de $\dfrac{ab}{z}$ dans la ſomme des réſiſtances H, C, B, nous aurons $2a + \dfrac{ab}{z} + \dfrac{abxx}{ccz}$ pour la réſiſtance des points H, C, B ; mais la réſiſtance de ces points eſt égale à celle des points A, C, B ; donc $2a + \dfrac{ab}{z} + \dfrac{abxx}{ccz} = 4a$; donc $xx = \dfrac{2ccz - bcc}{b}$, & faiſant $z = y + \dfrac{bb}{2}$ nous aurons $xx = \dfrac{2ccy}{b}$ qui donne les paraboles précédentes.   Ce qu'il &c.

Propoſition 67.

Les mêmes choſes étant ſuppoſées ; la réſiſtance des points A, C, B, ſera plus grande que la réſiſtance des points A, D, B.

Démonſtr. La réſiſtance des points A, C, B eſt à la réſiſtance des points A, D, B, en ſuppoſant les épaiſſeurs égales, comme le

[c] Prop. 63.

rectangle A D B, au rectangle A C B [c] ; mais le rectangle A D B eſt plus de la moitié du rectangle A C B, puiſque A D eſt la moitié de A C : donc la réſiſtance des points A, C, B eſt plus de la moitié de la réſiſtance des points A, D, B ; mais la réſiſtance des points A, D, B quand la ligne D D eſt reduite à un point, n'eſt que la moitié de la réſiſtance des mêmes points quand les épaiſſeurs ſont égales par tout, puiſqu'alors l'ouverture du point D qui ſeroit égale aux deux autres eſt nulle : donc la réſiſtance des

points

points A, D, B, en ſuppoſant les paraboles de la propoſition précédente , eſt moindre que la réſiſtance des points A, C, B. Ce
qu'il &c.

Propoſition 68.

Reprenant les mêmes ſuppoſitions que dans les deux dernieres Figur. 25.
propoſitions : le poids C rompra plûtôt la poutre aux points A, C, B
qu'aux points A, D, B.

Démonſtr. La force du poids C ſur le point D eſt la moitié de
la force du poids C ſur le point C [a] ; mais la réſiſtance des points [a] Prop. 25.
A, D, B eſt plus de la moitié de la réſiſtance des points A, C, B ;
donc la force du poids C ſur D, a une moindre raiſon à la force du
poids C ſur C, que la réſiſtance des points A, D, B n'en a à la réſiſtance des points A, C, B ; donc la poutre ſe rompra plûtôt aux
points A, C, B, qu'aux points A, D, B. Ce qu'il &c.

Propoſition 69.

Les mêmes choſes étant ſuppoſées : le poids C ne rompra pas plûtôt la poutre dans les points A, C, B, que dans les points D, C, D.

Démonſtr. Puiſque l'ouverture qui ſe fera au point C quand la
poutre ſe rompra aux points D, C, D, ſera double de celle qui s'y
fera quand la poutre ſe rompra aux points A, C, B, elle vaudra autant que les trois ruptures A, C, B ; donc le poids aura autant de
peine à rompre la poutre aux points A, C, B, qu'aux points D, C, D.
Ce qu'il &c.

Propoſition 70.

Le poids C aura autant de peine à rompre la poutre aux points
A, D, D qu'aux points A, C, B.

Démonſtr. La force du poids C ſur le point D n'eſt que la moitié de ſa force ſur le point C ; mais auſſi les ouvertures A, D, D ne ſont
que la moitié des ouvertures A, C, B [a] ; donc la force du poids C ſur le [a] Précéd.
point D eſt à la force du poids C ſur le point C, comme la réſiſtance du point D à la réſiſtance du point C : donc le poids C aura autant
de peine à rompre la poutre aux points A, C, B, qu'aux points A, D, D.
Ce qu'il &c.

Propoſition 71.

On prouvera le même de tous les autres points ; deſorte qu'on conclurra que la poutre ſera également forte par tout par rapport au
poids C : ce qui ſe reduit à dire que la poutre a autant de force que ſi

elle étoit appuiée sur les points fixes D, D, comme il est encore évident par les propositions précédentes.

Proposition 72.

Figur. 26.   Si la poutre A B plantée par ses bouts A & B dans deux murs, est chargée également en tous ses points, on trouvera la nature de la courbe M H D H C qui la rend aussi forte dans les points A , D , B , que dans les points A , C , D. Faisons la résistance des points A, C, D $= a$, les lignes égales A C , B C chacune $= b$, la ligne C C $= c$, la ligne A H $= z$, la ligne B H $= x$.

a
Prop. 63.   *Démonstr.* Puisque [a] la résistance des points A , C , B est à la résistance des points A , D , B , comme le rectangle A D B au rectangle A C B , en supposant les épaisseurs égales , nous aurons $2bz - zz : bb :: a :$ la résistance des points A , D , B , qui sera par conséquent $\dfrac{bba}{2bz - zz}$; donc la résistance des points A , B , quand la poutre se rom-

b
Prop. 59.   pra aux points A , D , B , sera $\dfrac{bba}{4bz - 2zz}$ [b], & la résistance du point D seroit pareillement $\dfrac{bba}{4bz - 2zz}$ si les épaisseurs C C , D D étoient égales : mais la résistance supposée du point D est à sa vraie résistance, com-

c
Prop. 14.   me le quarré C C au quarré D D [c] : donc $cc : xx :: \dfrac{bba}{4bz - 2zz} :$ la vraie résistance du point D , qui sera $\dfrac{bbaxx}{4bccz - 2cczz}$; donc la résistance des points A , D , B , sera $\dfrac{bbacc + bbaxx}{4bccz - 2cczz}$ qui est $= a$; donc $bbcc + bbxx = 4bccz - 2cczz$; ce qui montre que la nature de la courbe est elliptique. Ce qu'il &c.

Proposition 73.

Par le moien de l'équation précédente on trouvera que si on prend $CD = \sqrt{\dfrac{bb}{2}}$, & qu'on fasse les demi-ellipses D H C , D H M dont les demi-axes soient C D , C C , A D , A M , la résistance des points A , D , B sera égale à la résistance des points A , C , B , par rapport aux poids qui chargent également tous les points de la poutre ; de sorte que la poutre se rompra aussi-tôt aux points A , H , B , qu'aux points A , C , B ; ce qui ne rendra pas pourtant la poutre également forte par tout, & même il n'est pas possible de donner à la poutre une figure qui la rende également forte par tout, comme la même démonstration le fait voir.

Proposition

Proposition 74.

Soient les poutres A C, A D plantées dans un mur de telle forte ^Figur. 17. que la section A B soit la même dans l'une & dans l'autre, si on les charge des deux poids égaux C, D fixes, & que la ligne C D soit verticale, comme aussi la ligne A B, les deux poids auront une force égale pour rompre chacun sa poutre. Du point A décrivons les arcs infiniment petits C E, D F, & tirons les horizontales E G, F H, jusques à la verticale C D ; afin que les lignes C G, D H soient les vîtesses des poids C, H.

Démonstr. Puisque les arcs C E, D F font infiniment petits, on peut les prendre pour leurs tangentes, & comme ils font semblables, l'arc D F est à l'arc C E, ou C G, comme la ligne A D à la ligne A C, ou comme le sinus total au sinus de l'angle A D C, ou D F H. Mais l'arc D F est aussi à la vîtesse D H, comme le sinus total au sinus de l'angle D F H ; donc la vîtesse C G est égale à la vîtesse D H ; donc le poids C a autant de force que le poids D. Ce qu'il &c.

Proposition 75.

Si le poids D n'est pas tellement fixe, qu'il ne puisse glisser le long de sa poutre sans sortir de la verticale C D, sa force sera à celle qu'il avoit quand il étoit fixe, ou à celle qu'il auroit sur la poutre droite, en raison doublée du sinus total au sinus de l'angle D F H complement de l'inclination C A D, ou en raison doublée de la ligne A D à la ligne A C. Continuons A F jusques à ce qu'elle rencontre C D au point I.

Démonstr. La force du poids D dans la supposition présente, est à celle qu'il avoit dans la précédente, comme la vîtesse D I à la vîtesse D H, ou en raison doublée du sinus total D I au sinus F D de l'angle I égal à l'angle D F H. Ce qu'il &c.

Corollaire.

On trouvera le poids qu'il faut au point D pour rompre la poutre A D ^a, & le poids qu'il faut au point A ^b pour rompre la poutre B A C appuiée sur les points fixes B, C.

a
Figur. 27.
b
Figur. 28.

Proposition 76.

Si en renversant la figure on suppose que le point C est dessous le ^Figur. 27. point D, & le point I dessus l'un & l'autre : on trouvera la même force pour les poids qui seront aux points I & E, qu'on leur a trouvé quand ils étoient aux points D & C. Je dis donc que si la pou- ^Figur. 28.

tre

tre B A C eſt appuiée ſur les points fixes D, E, le poids F qui la
rompt eſt égal au poids A qui la rompoit, quand elle étoit appuiée
ſur les points fixes B, C, pourveu que les lignes B D, F A, C E ſoient
paralleles, comme auſſi F B, A D, F C, A E.

Démonſtr. Si la poutre B A C étoit enfoncée dans un mur juſques à la ſection F A, les poids B & D qui la rompoient ſeroient
égaux [c], comme auſſi les poids E, C. Mais le poids A eſt égal aux
poids D, E, & le poids F aux poids C, B [d]; donc les poids A, F
ſont égaux. Ce qu'il &c.

c
Précéd.
d
Prop. 19.

Remarque I.

Il me ſemble qu'il ne reſte rien à déterminer ſur les poutres rectilignes, qui ne ſe préſente d'abord à ceux qui voudront ſuivre les
routes que nous avons données : il faut ſeulement remarquer que nous
n'avons eu nul égard à la peſanteur des poutres, n'y à la diverſité des
parties qui les peuvent compoſer, ni à la Puiſſance qu'elles ont de s'é-
tendre, ou de plier.

Remarque II.

Nous avons déterminé la force des poutres par rapport au poids
qui les peut rompre quand elles ſont fichées dans un mur : parce qu'on
le peut aiſément connoître : mais afin qu'on ſoit plainement ſatis-
fait, nous allons comparer ce poids à celui qui romproit la poutre en
la tirant par une direction perpendiculaire au plan de la rupture.

Propoſition 77.

Figur. 29.   Soit la poutre A B fichée dans un mur, & que le poids B la rompe par l'ouverture infiniment petite A C E, & que la Puiſſance G
en la tirant par une direction parallele à l'horizontale A B, la rompe auſſi par une ouverture infiniment petite A C E E ; je dis que le
poids B eſt à la Puiſſance G, comme la moitié de la verticale
A C eſt à l'horizontale A B. Du point C décrivons les arcs A E, B B.

Démonſtr. Puiſque l'arc A E eſt infiniment petit, on peut le prendre pour ſa tangente, & par conſéquent pour la vîteſſe de la Puiſſance G, comme l'arc B B pour la vîteſſe du poids B : donc la vîteſſe de la Puiſſance G eſt à la vîteſſe du poids B, comme l'arc A E
à l'arc B D, ou comme A C à A B ; donc ſi le mouvement du poids
étoit égal à celui de la Puiſſance, le poids ſeroit à la Puiſſance comme
réciproquement A C à A B. Mais le mouvement du poids B étant
exprimé par le triangle A C E, & le mouvement de la Puiſſance G
par le rectangle A C E E [a], le mouvement du poids B ne ſera que la

a
Prop. 5.

moitié

moitié du mouvement de la Puiſſance G ; donc le poids B ſera à la Puiſſance G , comme la moitié de C A à la ligne A B. Ce qu'il &c.

Remarque.

On ſuppoſe en tout ce raiſonnement que les parties de la poutre ne s'étendent pas avant que de ſe rompre : ou qu'elles ont autant de peine à s'étendre, comme à ſe rompre ; ce qui n'étant pas tout-à-fait vrai , la propoſition ne ſera pas rigoureuſement vraie. On pourra neanmoins la rendre exacte par les mêmes voyes , ſi on détermine la proportion qu'il y a entre la peine que les parties trouvent à s'étendre, & celle qu'elles trouvent à ſe rompre : & ainſi on ne tombera pas dans un paralogiſme , en voulant corriger la propoſition.

§. III.

Des poutres Curvilignes.

Propoſition 78.

SOient deux poutres plantées dans un mur de ſorte que leur ſec- Fig. 30. tion A B ſoit la même, & que le poids C ſoit fixe dans le point C commun à l'une & à l'autre ; je dis que le poids C aura autant de peine à rompre la poutre A C curviligne , que la poutre A C rectiligne.

Démonſtr. Puiſque la ſection A B eſt la même dans l'une & dans l'autre , & que la vîteſſe du poids ſera encore la même, la peine du poids ſera auſſi la même. Ce qu'il &c.

Propoſition 79.

Si le poids C n'eſt pas tellement fixe, qu'il ne puiſſe gliſſer le Figur. 31. long de l'une & de l'autre poutre , ſans s'éloigner de la verticale C E : il aura moins de peine à rompre la poutre curviligne , que la poutre rectiligne. Du point A décrivons l'arc C D infiniment petit, & tirons la ligne A D E , & l'arc A D F dont le raion ſoit le même que celui de l'arc A C. Alors C E ſera moindre que C F.

Démonſtr. Puiſque la ligne A D E marque la vîteſſe du poids C , quand il rompt la poutre rectiligne , ſçavoir C E ; & que l'arc A D F marque la vîteſſe du poids C , quand il rompt la poutre curviligne , ſçavoir C F, la peine du poids C pour rompre la poutre curviligne eſt à celle qu'il trouve à rompre la rectiligne , comme réciproquement C E à C F ; donc elle ſera moindre. Ce qu'il &c.

Q   *Propo*

Proposition 80.

Les mêmes choses étant supposées ; la raison de C E à C F sera composée de la raison du sinus total au sinus complement de la moitié de l'arc A C, & de la raison du sinus complement de tout l'arc A C au sinus complement de la moitié de l'arc A C.

Démonstr. Puisque l'arc C D est infiniment petit, les triangles C D E, C D F peuvent être pris pour des triangles rectilignes. Puis dans le triangle rectangle C D E l'angle D C E étant mesuré par la moitié de l'arc A C [a], aussi bien que l'angle E D F dans le triangle E D F, l'angle D E C sera mesuré par le complement de la moitié de l'arc A C, & l'angle D F C par le complement de tout l'arc A C : c'est pourquoi E C sera à C D, comme le sinus total au sinus complement de la moitié de l'arc A C, & C D sera à C F, comme le sinus complement de l'arc A C au sinus complement de la moitié de l'arc A C, qui est le sinus de l'angle obtus C D F. Ce qu'il &c.

[a] 32.3 .Euc.

Proposition 81.

Figur. 32. Si on renverse la figure en mettant les points E & F au dessus du point C, on trouvera la même chose : & par conséquent si la poutre arquée B B C C est appuiée sur les points fixes B, C, on trouvera le poids A qui pourra la rompre.

Démonstr. Le poids A sera égal à la somme des poids B, C qui romproient la poutre l'un d'un côté, l'autre de l'autre, si sa section verticale A E étoit fixe : mais on peut trouver les poids B, & C [a] : donc on peut trouver le poids A. Ce qu'il &c.

[a] Précéd.

Lemme.

Figure 33. Soit A le centre de l'arc E C D, & B le centre de l'arc H G F ; si la ligne A B C est droite, & qu'on fasse sur B C l'angle B G C dont les jambes B G, C G soient égales au raion de l'arc H G F, il sera moindre que tout autre sur B E, ou B D, avec les mêmes conditions.

Démonstr. Puisque dans les triangles B G C, B F D, B H E les jambes sont égales, & que la base B C est moindre que les bases B D, B E [a], l'angle B G C sera moindre que les angles B F D, B H E, Ce qu'il &c.

[a] 7.3. Euc.

Corollaire I.

Plus les points D, E seront éloignez du point C, plus les angles B F D, B H E seront grands.

Corollaire.

Corollaire. 11.

Plus la ligne BC eſt courte tout le reſte demeurant égal, plus l'angle BGC eſt petit. Ainſi quand on ſuppoſera que la ligne BC eſt infiniment petite, l'angle BGC ſera infiniment petit, & l'angle BCG ſera droit.

Propoſition 82.

Soit la poutre circulaire AB appuiée ſur les points fixes A & B, Figur. 34. & que le point C ſoit le centre des arcs qui la terminent. Si on fait l'angle ACD droit, tous les poids qui ſeront au deſſus du point D, comme E, rompront plûtôt la poutre au point D, qu'en tout autre point H, ou E. Du point B à la diſtance BC décrivons l'arc CF infiniment petit, & du point A l'arc CG. Puis ſuppoſant que le poids E rompt la poutre au point H par l'ouverture infiniment petite xIy, l'arc EDH tombera ſur MLI, & l'arc ZH ſur ZI, de ſorte que le centre de l'arc MLI ſera le point F, & le centre de l'arc ZI ſera le point G, & les lignes FIy, GIx ſeront droites. De même le point D étant tombé ſur le point L, & le point E ſur le point M, ſi on fait les lignes LN, MO égales à la ligne CD, en ſuppoſant les points N & O dans l'arc CG, & qu'on décrive du point O l'arc MZ, & du point N l'arc LZ; enfin ſi on tire les lignes FMS, FLV, OMR, NLT qui traverſent l'épaiſſeur de la poutre: nous aurons SMR pour l'ouverture que feroit le poids E s'il rompoit la poutre au point E, & VLT pour l'ouverture qu'il feroit en la rompant au point D; & parceque la vîteſſe du poids eſt la même, il faudra ſeulement démontrer que les ouvertures RMS, & xIy ſont plus grandes que l'ouverture VLT. Tirons encore la ligne AFa, qui coupe l'arc CG au point a.

Démonſtr. Puiſque la ligne Fa eſt infiniment petite, ſi on fait le triangle iſoſcele Fba dont les jambes ſoient égales au raion FL de l'arc ILM, l'angle AFb ſera droit [b]; mais l'angle AFL approche infiniment d'un droit; donc le point L approche infiniment du point b; donc l'angle FLN eſt plus petit que les angles FMO, FIG [c]; donc l'ouverture TLV eſt moindre que les ouvertures xIy, RMS: mais la vîteſſe du poids eſt toûjours la même: donc le poids aura moins de peine à faire l'ouverture TLV que les deux autres; donc il rompra plûtôt la poutre au point D qu'aux points E, H. Ce qu'il &c.

[b] Pr. Cor. 2.

[c] Précéd.

Q ij

Propo

Propoſition 83.

Figur. 35.   Les mêmes choſes étant ſuppoſées, & aiant encore fait l'angle B C 2 droit : le poids H qui eſt entre D & 2 rompra plûtôt la poutre au point H, qu'en nul autre 3. Continuons l'arc L 1 juſques à ce que l'arc L 4 ſoit égal à l'arc D 3 ; & prenant 47 égale à 4 F, du point 7 ſur l'arc C G décrivons les arcs 4 Z, 5 A, & tirons les lignes F 46, 745 pour exprimer l'ouverture 546 qui ſe feroit au point 3, ſi la poutre s'y rompoit.

    Démonſtr. Puiſque le poids H deſcend également ſoit que la poutre ſe rompe au point H, ou au point 3, & que l'ouverture 546 eſt plus grande que l'ouverture x 1 y [a], le poids H rompra plûtôt la poutre au point H, qu'au point 3. Ce qu'il &c.

'a
Précéd.

Propoſition 84.

Figur. 36.   Soit la poutre circulaire A B D C dont le centre eſt G, & qui eſt fichée dans un mur juſques à la ſection verticale A B. La peine que le poids C trouve à rompre la poutre par la ſection A B, eſt à celle qu'il trouve à la rompre par la ſection E F, comme le ſinus de l'angle C G E au ſinus de l'angle C G A. Faiſons que le poids deſcendant de C en L rompe la poutre par l'ouverture A B M infiniment petite, ou par l'ouverture F E N auſſi infiniment petite, & que le centre de l'arc M L ſoit H, & I le centre de l'arc N L. Puis tirons MBH, NFI, EFG, LI, LH, IH, IG, GH. Alors l'ouverture A B M ſera à l'ouverture E F N, comme l'arc A M à l'arc E N, ou comme l'arc H G à l'arc I G, parceque ces arcs ſont infiniment petits, ou comme le ſinus de l'angle G I H au ſinus de l'angle I H G ; il faut donc montrer que le ſinus de l'angle C G E eſt au ſinus de l'angle CGA, comme le ſinus de l'angle G I H au ſinus de l'angle I H G.

    Démonſtr. Puiſque les angles H B G, I F G, I L G ſont infiniment petits, les angles N I L, G I H ſont les complemens de l'angle L I G, & par conſéquent ils ſont égaux. Mais l'angle L I N eſt égal à l'angle C G E [b]; donc l'angle G I H eſt égal à l'angle C G E. De même l'angle B H I eſt le complement de l'angle L H M, ou C G A : mais le ſinus de l'angle obtus I H G eſt égal au ſinus complement de l'angle B H I ; donc il ſera égal au ſinus de l'angle L H M, ou C G A : donc le ſinus de l'angle G I H eſt au ſinus de l'angle I H G, comme le ſinus de l'angle C G E au ſinus de l'angle C G A. Ce qu'il &c.

b
Conſtruc.
de la Fig.

Corollaire.

Figur. 37.   Pour faire que la poutre arquée A C ſoit également forte au point A,

                                             &

& au point G, il faudra que le quarré de la ligne B A soit au quarré
de la ligne G F, comme le sinus de l'arc C A est au sinus de l'arc
C G. Il faudra dire le même de la poutre C A C soûtenuë sur Figur. 38,
les points fixes C, C, & chargée du poids B, & on pourra même déterminer la nature de la courbe B F C ; mais comme elle sera
fort composée, & également inutile à mon dessein, je ne m'y arrê-
terai pas, non plus qu'aux suivantes.

Proposition 85.

Soit la poutre arquée A B C D dont la section A B est fixe, & Figur. 39,
un autre poutre B E F G dont la section E B égale à A B, est
verticale & fixe. Supposons encore que la ligne D F est verticale. Je dis que le poids D qui rompra la poutre arquée par la division A B, sera égal au poids F qui rompra la poutre rectiligne par
la division E B. Faisons les deux ouvertures infiniment petites.

Démonstr. Puisque les ouvertures sont infiniment petites, les vîtesses des deux poids seront égales, pouvant chacune être exprimée
par la ligne E F : mais les ouvertures sont aussi égales ; donc les
mouvemens sont égaux, & par conséquent les poids sont aussi égaux.
Ce qu'il &c.

Corollaire.

La peine que le poids D trouve à rompre la poutre arquée par la
division A B, est à celle qu'il trouve à la rompre par la division L I,
comme I O à B G qui lui est parallele. C'est pourquoi en faisant le
quarré de I H au quarré de A B, comme I O à B G, ou en faisant I H moienne entre I L & L M côté du triangle rectangle I L M,
la courbe A H D déterminera l'épaisseur de la poutre pour la rendre également forte par rapport au poids D, & on en trouvera la nature par les voyes que nous avons suivi plus haut.

Proposition 86.

Soit la poutre arquée A B C D fichée dans un mur jusques à sa Figur. 40,
verticale A B, la force du poids D pour la rompre au point A, est
à la force de quelque poids égal E, comme le sinus de l'arc D A au
sinus de l'arc E A. Supposons donc que la poutre se rompt par l'ouverture A B H infiniment petite, & que le point E tombe au point
F, & le point D au point C : puis tirons les sinus des arcs A E, A D,
H F, H C.

Démonstr. Puisque l'angle A B H est infiniment petit, les sinus
des arcs égaux A E, H F concourront au point G, de même les sinus des arcs égaux A D, H C concourront au point I : donc les
Q iij

triangles

triangles iſoſceles E G F, D I C ſeront ſemblables ; donc la vîteſſe E F eſt à la vîteſſe D C, comme le ſinus G E au ſinus D I ; donc la force du poids E eſt à la force du poids D ſur la même ſection A B, comme le ſinus de l'arc A E au ſinus de l'arc A D. Ce qu'il &c.

Propoſition 87.

Figur. 41. Soit la poutre arquée A B C D chargée en tous ſes points de poids égaux, dont chacun ſoit exprimé par la ligne C F. Le triangle rectangle C E F exprimera la force de tous les poids ſur la ſection A B de la poutre. Tirons M O ſinus de quelqu'arc M B, & la ligne M N parallele à F C, qui coupe les lignes F E, C E aux points P, N.

    Démonſtr. La force du poids M ſur le point B eſt à la force du poids C ſur le même point B, comme M O à E C, ou comme N P à C F [a] ; donc comme la ligne F C exprime la force du poids C ſur le point B, toutes les lignes N P exprimeront la force de tous les poids M ſur le point B ; donc le triangle E C F exprimera la force de tous les poids ſur le point B. Ce qu'il &c.

[a]
Pr. 86. Cor

Propoſition 88.

    Si la ligne H C eſt égale au ſinus de l'arc G C, & qu'on tire H I parallele à E F : le triangle H C I exprimera la force des poids ſur le point G.

    Démonſtr. La force du poids C ſur le point B eſt à la force du poids C ſur le point G, comme E C à H C [a] : donc la ligne C I exprimera la force du poids C ſur le point G, & le triangle H C I exprimera la force de tous les poids ſur le point G. Ce qu'il &c.

[a]
Prop. 84.

Corollaire.

    La force des poids ſur le point B eſt à la force des poids ſur le point G comme le quarré de E C au quarré de H C : c'eſt pourquoi ſi on fait la ligne A B à la ligne G L, comme E C à H C, la courbe A L C rendra la poutre également forte par tout.

Propoſition 89.

Figur. 42. Soit la poutre arquée A B ſoûtenuë par les deux points fixes A & B, & chargée du poids D & du poids C : l'effort du poids D ſur le point D eſt à l'effort du poids égal C ſur le point D, comme le ſinus de l'arc A D au ſinus de l'arc A C. Faiſons rompre la poutre au point D de ſorte que le point D tombe au point F infiniment proche

du

du point D , & le point C au point E. Tirons CI ſinus de l'arc
AC, & DH ſinus de l'arc DA, ſuppoſant que AH eſt une partie
du diamétre de l'arc ACDB.

Démonſtr. Puiſque l'eſpace DF eſt infiniment petit , les arcs
AD, AF ſeront égaux, auſſi bien que les arcs AC, AE, & les
vîteſſes DF, CE pourront être priſes pour des arcs ſemblables de
deux cercles dont le pole ſera le point A, & dont les raions ſeront
DH, CI ; mais ces arcs ſeront entr'eux comme leurs raions ; donc
la vîteſſe DF du poids D ſera à la vîteſſe CE du poids D, comme
DH à CI ; donc la force du poids D ſur le point D eſt à la force
du poids égal C ſur le même point D, comme le ſinus DH au ſinus
CI. Ce qu'il &c.

Corollaire.

Si on exprime le poids D par le ſinus DE de l'arc DB , le ſe- Figur.43.
gment DEB exprimera la force des poids égaux qui chargent chaque point de l'arc BC, ſur le point D : ce qui fournit le moien de
déterminer mécaniquement l'effort de tous les poids ſur chaque point
de la poutre.

Propoſition 90.

Si la poutre ACB eſt appuiée ſur les points fixes A & B , & Figur.44.
qu'elle ſoit également chargée en tous ſes points ; on trouvera mécaniquement la courbe AFC qui la rendra auſſi forte au point F qu'au
point C.

Démonſtr. On trouvera la force de tous les poids ſur le point E,
& ſur le point C[a] ; on trouvera la réſiſtance de ces mêmes points a Précéd.
E, C[b]. C'eſt pourquoi aiant multiplié la force des poids ſur le point b Prop. 8 t.
E par le quarré de la ligne CC, & aiant diviſé le produit par la réſiſtance du point E, on aura le quarré de la ligne EF. Ce qu'il &c.

Propoſition 91.

Soit la poutre arquée ABD dans un mur juſques à la ſection Figur. 45.
BA, & que la Puiſſance D dont la direction DH eſt parallele à
la verticale AB, la rompe ; je dis que la Puiſſance D eſt à une
Puiſſance dont la direction ſeroit horizontale & qui romproit de même la poutre, comme le ſinus complement de l'angle BAD au ſinus de l'angle BAD. Du point A décrivons les arcs BC, DE
infiniment petits, & tirons les lignes AC, DE , & l'horizontale
DI, & la verticale EG qui coupe l'horizontale DI au point F. Alors
le ſinus de l'angle DAB ſera le même que celui de ſon ſupplement
DAI,

DAI, ou DGE, & parceque l'angle ADE approche infiniment d'un droit, l'angle FDE ſera égal à l'angle DGE ; & par conſé-quent le ſinus de l'angle FDE ſera égal au ſinus de l'angle DAB.

Démonſtr. La vîteſſe de la Puiſſance D eſt à celle dont la direc-tion eſt horizontale, comme FE à DF, ou comme le ſinus de l'angle FDE au ſinus complement de l'angle FDE, ou comme le ſinus de l'angle DAB au ſinus complement de l'angle DAB : mais le mouvement de ces deux Puiſſances étant le même, elles ſont en raiſon réciproque de leurs vîteſſes : donc la Puiſſance D eſt à la Puiſ-ſance horizontale, comme le ſinus complement de l'angle BAD, au ſinus de l'angle BAD. Ce qu'il &c.

Corollaire.

Figur. 46.   On pourra déterminer le poids qu'il faudroit pour rompre la poutre arquée, ſi faiſant la ligne AC verticale, & appuiant le bout C ſur un point fixe, on mettoit le poids au point A : ce qui revient à la propoſition 86. qui ne diffère en rien de la précédente : c'eſt pourquoi on trouvera le moien de rendre la poutre ABC également forte par tout par rapport au poids A[a].

ᵃ Pr.85.Cor

§. IV.

Des poutres composées.

Figur.47.   SI deux poutres AB, CD ſont ſi parfaitement jointes enſemble, qu'il n'y ait du tout point d'eſpace entre deux, nous dirons qu'el-les ne ſont qu'une même poutre.

Propoſition 92.

Figur. 48.   S'il y à quelque eſpace entre les poutres AB, CD de long en long, le poids B n'aura pas plus de peine à les rompre, que s'il n'y en avoit qu'une des deux, pourveu que la premiere ne plie point.

Démonſtr. Puiſque la poutre AB ne plie point, le poids B l'au-ra rompuë, avant qu'elle ſoit ſoûtenuë par la poutre CD ; donc il la rompra auſſi aiſément que ſi elle étoit ſeule ; enſuite il fera auſſi effort ſur la poutre CD, comme ſi elle étoit ſeule. Ce qu'il &c.

Propoſition 93.

Les mêmes choſes étant ſuppoſées ; quoique la poutre AB plie

le

le poids B aura moins de peine à rompre les deux poutres que si elles étoient parfaitement jointes.

Démonstr. Puisque le point E ne touche pas le point C, on pourra faire l'ouverture des poutres si petite, que le point E sera le centre de l'ouverture de la poutre A B, & non pas le point F, qui seroit le centre de l'ouverture des poutres si elles étoient parfaitement jointes : donc la peine du poids sera moindre.   Ce qu'il &c.

Proposition 94.

La poutre armée A B C E D n'est pas si forte que si elle étoit tou- Figur. 49. te d'une piéce, de même grosseur, & de même bois.

Démonstr. Les parties A B, B C auront moins de peine à se séparer que si elles étoient unies entr'elles, & avec la poutre inférieure ; car il faudra faire moins de divisions. D'ailleurs la poutre inférieure n'en sera pas plus forte : donc toute la poutre armée sera moins forte.   Ce qu'il &c.

Proposition 95.

Si la poutre A B est appuiée sur les points fixes C, D, les poids Figur. 50. A & B la rompront plûtôt aux points C, D, qu'en quelqu'autre point N qui est entre C & D. Tirons N O & C I paralleles à A P, & supposons que le poids A en rompant la poutre au point N, ou au point C, descend au point M, & que la partie A O N P de la poutre se trouve sur M F E R, ou que la partie A I C P, se trouve sur M L C R. Tirons encore E G parallele à A P, & E H, G K perpendiculaires sur N O.

Démonstr. Quand le poids A descendant du point A au point M rompt la poutre au point N, l'ouverture est exprimée par la figure F E H K G, & quand il la rompt au point C, l'ouverture est exprimée par le secteur L C I : mais le secteur L C I est moindre que la figure F E H K G de tout le rectangle G K H E : donc l'ouverture que fait le poids A en rompant la poutre au point C, est moindre que celle qu'il y fait en la rompant au point N : donc le poids A trouve moins de peine à rompre la poutre au point C qu'au point N ; donc il la rompra plûtôt au point C ; & il faut dire le même du poids B à l'égard du point D.   Ce qu'il &c.

Corollaire.

Si la poutre étoit appuiée sur les points fixes A, B en renversant la figure, les poids C, D auroient autant de peine à rompre la pou-

R

tre

tre que s'ils étoient réünis au point N, & que la poutre fût racourcie
des longueurs N D , N C.

Proposition 96.

Figur. 51. Soit la poutre A B appuiée sur les points fixes A & B ; si on l'entaille de la moitié de son épaisseur C E F D , & qu'on remplisse l'entaille d'un bois également fort C E F D ; la peine que les poids C, D
trouveront à la rompre aux points C & D sera à celle qu'ils trouve-
roient à l'y rompre si elle n'étoit pas entaillée, comme 3 à 4. Supposons donc que le poids C a fait l'ouverture I E G H , & du point
C décrivons les arcs G E , H I.

Démonstr. Le secteur H C I représente la rupture que fait le point
C quand la poutre n'est pas entaillée, & la figure H G E I représente la rupture quand la poutre est entaillée ; mais la figure H G E I
est au secteur H C I , comme 3 à 4 ; donc la peine du poids C quand
la poutre est entaillée, est à celle qu'il auroit si elle ne l'étoit pas,
comme 3 à 4. Ce qu'il &c.

Proposition 97.

Si on met les poids C, D au point N entre les points C, D,
& que le bois qui ferme l'entaille ne puisse pas se rompre ; ils rompront de même la poutre plûtôt aux points I, qu'en nul autre entre
les points I [a] , & on déterminera la force de la poutre ainsi entaillée,
par rapport au poids N.

[a]
Prop. 95.

Démonstr. On détermine la force qu'auroit la poutre aux points
C, D, par rapport au poids N, si elle n'étoit pas entaillée [b] ; mais sa
force au point C & au point D quand elle est entaillée, est moindre
d'un quart [c] : donc on déterminera la force de la poutre ainsi entaillée. Ce qu'il &c.

[b]
Prop. 24.

[c]
Prop. 96.

Corollaire.

On déterminera la longueur de l'entaille qui sera nécessaire, afin
que le bois qui la ferme se rompe , & qu'ainsi la poutre soit également
ment forte , ou qu'elle soit même plus forte , si le bois qui ferme l'entaille est plus fort.

Conclusion du Chapitre premier.

Ce que nous avons dit dans ce chapitre, suffit pour démontrer les régles que nous donnerons pour la figure des piéces qui
entrent dans la construction du Vaisseau , afin de le rendre soli-
de,

de : & il me ſemble qu'on pourra ſans peine trouver par les mêmes voyes, tout ce qui ſera néceſſaire pour déterminer la force de toute ſorte de bâtiment, de quelque matiere qu'il ſoit conſtruit.

CHAPITRE SECOND.

La force des liaiſons des parties du Vaiſſeau.

IL ne faut pour ce chapitre qu'appliquer les régles générales du précédent à un grand détail, qui ſera plus propre de la ſeconde Partie de cet ouvrage.

CHAPITRE TROISIE'ME.

L'effort que les parties du Vaiſſeau doivent ſoûtenir.

§. I.

L'effort de l'eau contre le Vaiſſeau.

Propoſition 98.

SOit le Vaiſſeau A B C plongé dans l'eau juſques à la flotaiſon Figur. 52. B C : l'effort de l'eau contre ſon fond E F pour le pouſſer en haut, eſt égal à celui que feroit le priſme d'eau E B C F, pour le pouſſer en bas. Suppoſons qu'en effet on met dans le Vaiſſeau le priſme d'eau E B C F, faiſant tout le bois infiniment mince & ſans peſanteur : alors le Vaiſſeau aura la même flotaiſon B C.

Démonſtr. Puiſque le fond du Vaiſſeau qui n'a ni épaiſſeur, ni peſanteur, demeure en équilibre, il eſt pouſſé également vers le haut & vers le bas ; donc l'effort de l'eau ſur le fond E F pour le pouſſer en haut eſt égal à l'effort du priſme d'eau E B C F pour le pouſſer en bas. Ce qu'il &c.

Propoſition 99.

On démontrera de même que l'effort de l'eau contre la partie A, eſt égal à celui du priſme d'eau A D.

Propoſition 100.

L'effort que fait le priſme d'eau E B C F ſur le fond E F, eſt

 égal

égal à celui que feroit ſur le fond E F un poids égal à celui du priſme.

Démonſtr. Puiſqu'un poids égal à celui du priſme E B C F , tiendroit le fond E F en équilibre avec l'eau qui le pouſſe en haut, ſon effort ſur le fond E F ſeroit égal à celui du priſme. Ce qu'il &c.

Propoſition 101.

Figur. 53.   Soit le Vaiſſeau H F D L M E G I rempli d'eau à la hauteur H I ; continuons le priſme D L M E vers B & C , juſques à ce que B H I C ne ſoit qu'une même ligne. Je dis que le priſme d'eau H F G I aura la même force pour pouſſer en bas le priſme D L M E , qu'auroit le priſme B D E C. Suppoſons que le priſme B D E C eſt quadruple du priſme H F G I , & faiſons deſcendre le priſme D L M E de quelque eſpace L N O M ; alors le priſme B D E C deſcendra avec la vîteſſe B V égale à la vîteſſe L N , & le priſme H F G I deſcendra avec la vîteſſe H S quadruple de la vîteſſe L N.

Démonſtr. Puiſque le poids du priſme B D E C eſt au poids du priſme H F G I , comme réciproquement la vîteſſe H S du priſme H F G I eſt à la vîteſſe B V du priſme B D E C , leurs mouvemens ſeront égaux ; donc leurs forces ſur le priſme D L M E ſeront égales. Ce qu'il &c.

Propoſition 102.

Si le même Vaiſſeau eſt plongé dans l'eau juſques à la flotaiſon H I , l'effort de l'eau contre ſon fond eſt égal à l'effort que feroit ſur lui le priſme d'eau B L M C.

Démonſtr. Puiſque le priſme H F G I pouſſe le priſme D L M E, comme le pouſſeroit le priſme B D E C, le fond L M eſt pouſſé en bas comme s'il étoit pouſſé par le priſme B L M C ; donc l'effort de l'eau contre le fond L M eſt égal à celui que feroit ſur lui le priſme d'eau B L M C. Ce qu'il &c.

Propoſition 103.

Si en renverſant la figure on fait H I le fond du Vaiſſeau plongé juſques à la flotaiſon L M , l'effort de l'eau contre le fond H I pour le pouſſer en haut ſera égal , à celui que feroit ſur lui le priſme H P R I pour le pouſſer en bas.

La démonſtration eſt la même.

Propoſition

Propoſition 104.

De quelque figure que ſoit le Vaiſſeau ABCD plongé juſques Figur. 54.
à la flotaiſon AD, on aura l'effort que fait l'eau contre la partie E,
égal à celui que feroit le priſme EF.
La démonſtration eſt la même.

§. II.

De l'effort que les vergues doivent ſoûtenir.

Propoſition 105.

SOit la voile ABCD attachée par deux écoûtes en ſes points Figur. 55.
A & B, & par la vergue CD tout le long de la relingue ſupérieure, & que la vergue ſoit fixe. Si on pouſſe quelque point I de
la voile, & qu'on tire la ligne GI de ſorte que IG ſoit plus
courte que toute autre IL, le point G de la vergue ſoûtiendra l'effort
du point I.
  Démonſtr. Puiſque la ligne IG eſt plus courte que la ligne IL,
& en même temps plus parallele à la trame de la toile, elle s'éten-
dra moins ; donc elle ſera plûtôt roide que la ligne IL ; donc l'effort du point I ſe fera ſur le point G de la vergue plûtôt que ſur le
point L. Ce qu'il &c.

Corollaire.

L'effort de la voile ſur la vergue peut s'exprimer par une infinité de Puiſſances égales, dont chacune pouſſe chaque point de la vergue.

Propoſition 106.

Soit la vergue AB fixée par l'amarre CD, & pouſſée également Figur. 56.
en tous ſes points ; chaque partie CDA, CDB pourra être con-
ſiderée comme la partie d'une poutre fichée dans un mur juſques à la
ſection CD, & on trouvera la figure qui la rendra également forte,
par le chapitre précédent [a].

[a] Prop. 16

§. III.

De l'effort que doivent soûtenir les mâts.

Lemme.

Figur. 57. SI du point C hors la ligne A B, on décrit l'arc B M, & qu'aiant tiré A M G égale à A B, de quelqu'un de ses points D on tire D E égale à D G, qui rencontre l'arc B M au point E; enfin si on tire E G, on pourra faire les réflexions suivantes.

I.

Si quelque ligne H F est parallele à D E, la somme des lignes D H, H F vaudra la ligne D E ou D G : c'est-à-dire que H F vaudra H G.

Démonstr. Puisque H F est parallele à D E, nous aurons G H : H F :: G D : D E ; mais G D est égale à D E ; donc G H est égale à H F. Ce qu'il &c.

I I.

Si l'angle D E C n'est pas moindre que le complement de la moitié de l'angle A D E, la ligne E G sera toute hors de l'arc E M.

Démonstr. Puisque l'angle C E D n'est pas moindre que le complement de la moitié de l'angle A D E, il ne sera pas moindre que le complement de l'angle D G E, ou G E D ; donc l'angle C E G ne sera pas moindre qu'un droit ; donc la ligne E G sera toute hors de l'arc E M. Ce qu'il &c.

III.

La même chose étant supposée ; si de quelque point N de l'arc E M, on tire la ligne N H parallele à D E, la somme de N H & H D sera moindre que D E. Continuons H N jusques à ce qu'elle rencontre E G au point F.

Démonstr. Puisque le point F est hors de l'arc E M, la ligne H N sera moindre que H F ; mais la somme de H F & de H D est égale à D E [a] ; donc la somme de H N & de H D est moindre que D E. Ce qu'il &c.

a
Réf. 1.

I V.

Si du point H à la distance H F on décrit un arc, il passera par le point G, & par conséquent il ne pourra pas couper l'arc E M entre le point N & le point M ; mais en quelqu'autre point O au dessus du point N.

Corol

Corollaire.

Si la somme des lignes O H , & H D, est égale à la ligne D E , l'angle O H G sera plus grand que l'angle N H G, ou E D G.

Proposition 107.

Soit le mât A B fixe par son pied A , & soûtenu par le hauban B C : si la vergue I le pousse par une direction perpendiculaire à A B, elle le rompra plûtôt au point I, qu'en tout autre point L au dessus du point I. Supposons que la vergue I s'avançant jusques au point D rompt le mât au point I, ou au point L, de maniere que faisant D E égale à B I, la moitié de l'angle A D E ne soit pas moindre que le complement de l'angle C E D, ce qui se peut supposer puisqu'on peut faire l'angle A D E infiniment proche de 180. degrez. Faisons aussi H D égale à I L & H O égale à L B.

Démonstr. Puisque la ligne D E est égale à I B, & D H O égales à I L B, l'angle E D G exprimera la rupture du mât, s'il se rompt au point I, & l'angle O H G exprimera sa rupture, s'il se rompt au point L ; mais l'angle E D G est moindre que l'angle O H G[a] : donc le mouvement de la vergue étant le même, la rupture du point I sera moindre que la rupture du point L ; donc la vergue rompra plûtôt le mât au point I , qu'au point L. Ce qu'il &c.

Remarque.

Cette proposition & les suivantes sur les mâts , sont les mêmes que celles que nous avons démontré pour les poutres appuiées sur deux points fixes ; mais parceque la mobilité du point B feroit peut-être de la peine à quelqu'un nous les démontrons de nouveau.

Proposition 108.

La même chose étant supposée ; la peine que trouve la vergue à rompre le mât au point I , est à la peine qu'elle trouve à le rompre au point L, comme l'arc G F à l'arc G O.

Démonstr. Puisque[a] la peine que la vergue trouve à rompre le mât au point I, est à la peine qu'elle trouve à le rompre au point L, comme l'angle E D G à l'angle O H G, ou comme le secteur G H F au secteur G H O : ces peines seront comme l'arc G F à l'arc G O. Ce qu'il &c.

Remarque.

Remarque.

Fig. 60.

Si l'angle B A G est fort grand, l'arc G F O sera fort different de la ligne G F E : mais à mesure qu'on diminuera l'angle B A G, la ligne F G approchera de l'arc F O ; ainsi en supposant l'angle B A G infiniment petit, on pourra prendre l'arc F G pour la ligne F G, & l'arc F O pour la ligne F E.

Proposition 109.

La peine que la vergue trouve à rompre le mât au point I, est à la peine qu'elle trouve à le rompre au point L, comme L B à I B. Faisons l'angle B A G infiniment petit.

b
Précéd.

Démonstr. Puisque b ces deux peines sont entr'elles, comme les arcs G F, G O, ou comme les lignes G F, G E, elles seront comme les lignes parallèles F H, E D, ou comme L B, I B. Ce qu'il &c.

Corollaire.

On déterminera la figure du mât, afin qu'il ne soit pas plus fort au point L, qu'au point I par rapport à l'impression de la vergue.

Proposition 110.

Les mêmes choses étant supposées ; la vergue rompra plûtôt le mât au point I, qu'en un autre point G dessous le point I. Suppo-sons que le mât se rompant au point I, porte le point I sur le point D, & que se rompant au point G, il porte le point I au point L, de telle manière que D L soit verticale. Faisons L F égale à D E, & continuons l'une & l'autre, de sorte que E D N, & F L M soient égales à B A, & faisant l'angle M A H égal à l'angle A M H ti-rons A H, & A N.

Démonstr. Si on approche la ligne D L de la ligne A B, on di-minuera l'angle N D L & les lignes D L, N M : donc en faisant la distance I D infiniment petite, on trouvera le point L infiniment pro-che du point D, & le point M infiniment proche du point N ; donc l'angle N D A sera égal à l'angle M D A, ou moindre que l'angle ex-térieur M H A ; mais l'angle N D A exprime la rupture du mât au point I, & l'angle M H A exprime sa rupture au point G ; donc la rupture du mât au point I, est moindre que la rupture du mât au point G ; donc la vergue rompra plûtôt le mât au point I, qu'au point G. Ce qu'il &c.

Remarque.

Remarque.

Si on tire L O parallele à H A, & qu'on continuë M A juſques à ce qu'elle la rencontre au point O, la rupture D ſera à la rupture H, comme l'angle N D A à l'angle M L O, ou parceque les jambes de ces angles ſont égales, comme l'arc A N à l'arc M O, ou comme la corde A N à la corde M O, les angles étant infiniment petits.

Propoſition 111.

Si on ſuppoſe les ruptures infiniment petites, la rupture D ſera à la rupture H, comme A G à A I, ou A N ſera à M O comme A G à A I.

Démonſtr. A meſure qu'on diminuera l'angle de la rupture, on approchera les points D, L, & les points N, M ; donc ſi on diminuë infiniment l'angle de la rupture, on approchera infiniment les points N, M ; donc on fera A M égale à A N ; donc A N ſera à M O, comme A M à M O, ou comme H A à L O , ou comme A G à A I. Ce qu'il &c.

Propoſition 112.

Soit encore le mât A B. Je dis qu'il ſera plus fort par rapport à Figur. 62. la vergue I, s'il eſt tenu par le hauban B D, que s'il eſt tenu par le hauban B C. Faiſons donc rompre le mât au point I, de maniere que la vergue porte le point I au point E. Puis des points D, C, aiant décrit les arcs B G, B F, du point E à la diſtance B I décrivons un arc qui les coupe aux points G, F, & tirons D F, C G, D E, C E.

Démonſtr. Dans les triangles D G E, D F E, les côtez D E, E F étant égaux aux côtez D E, E G, & la ligne D F étant plus grande que D G, l'angle D E F eſt plus grand que D E G ; donc la rupture du mât attaché par le hauban B D, eſt plus grande que la rupture du mât attaché par le hauban B C ; mais le mouvement de la vergue eſt le même ; donc la vergue a plus de peine à rompre le mât attaché par le hauban D B, que le mât attaché par le hauban C B. Ce qu'il &c.

Propoſition 113.

Si on exprime le mouvement que la vergue I donne au point Figur. 63. B du mât, par une ligne B E infiniment petite, & qu'on tire D E, C E qui coupent A B aux points F, G ; les triangles F B E, G B E

S ſeront

feront femblables aux triangles F D A, G C A, & par conféquent aux triangles C A B, D A B qui en approchent infiniment [a]. De même ſi on tire les perpendiculaires B I ſur F C, & B L ſur E D, les triangles B I E, B L E feront femblables aux triangles B A C, B A D. Enfin ſi on tire I M, L N perpendiculaires ſur B E, les triangles M I E, N L E feront femblables aux triangles A B C, A B D. Je dis donc que l'effort du hauban B C ſur le mât par la direction B A, eſt à l'effort de la vergue ſur le point B, comme le quarré de la ligne A C au quarré de la ligne B C : on dira la même choſe du hauban D B.

Démonſtr. Puiſque B E exprime le mouvement que la vergue donne au point B, nous aurons E I pour le mouvement que le hauban C B donne au point B, & I M pour le mouvement qu'il lui donne par la direction B A ; mais la ligne B E eſt à la ligne I M, comme le quarré de la ligne B C au quarré de la ligne A C ; car B C eſt à A C, comme B E à E I, & B C eſt encore à A C, comme E I à I M [a] ; donc l'effort de la vergue ſur le point B, eſt à l'effort du hauban B C par la direction A B, comme le quarré B C au quarré A C. Ce qu'il &c.

a
Conſtruc.
de la Fig.

a
4. 6. Euc.

Lemme.

Figur. 64. Si deſſus la ligne B C on fait pluſieurs angles B D C, B E C, B G C qui aient leur ſommet à la circonferance d'un cercle, ou d'une ellipſe dont les points B, C ſoient les foïers : l'angle D dont les jambes B D, D C ſont égales, eſt le plus grand. Inſcrivons le triangle B D C dans un cercle dont le centre ſera dans la ligne B A, & qui par conſéquent touchera le cercle, ou l'ellipſe G E D, & coupera les lignes C G, C E aux points H, F. Tirons B H, B F, C H, C F.

Démonſtr. Puiſque les angles B H C, B F C ſont égaux à l'angle B D C [a], & plus grands que les angles B G C, B E C [b] ; l'angle B D C eſt plus grand que les angles B G C, B E C. Ce qu'il &c.

a
21.3 .Euc.
b
16. 1.Euc.

Propoſition 114.

Figur. 65. Soit encore le mât A B chargé du poids B qui le rompt. Je dis que le poids B le rompt plûtôt au milieu I, qu'en un autre point L. Suppoſons que le poids rompant le mât deſcend du point B au point D, & que les piéces du mât forment l'angle D E A quand le mât ſe rompt au milieu I, & qu'elles forment l'angle D F A quand

il

il se rompt au point L. Continuons A F, A E jusques à ce que les lignes A F H, A E G soient égales à la ligne A B.

Démonstr. Puisque les lignes A E D, A F D sont égales à la ligne A B, les points D, F, E, A sont dans la circonferance d'une ellipse [c] ; donc l'angle A B D est plus grand que l'angle A F D [d] ; donc l'angle D F H qui exprime la rupture du point L, est plus grand que l'angle D E G qui exprime la rupture du point I : mais le mouvement du poids est toûjours le même ; donc le poids rompt plûtôt le mât au point I qu'au point L. Ce qu'il &c.

[c] Sect. Con.
[d] Lem.Piéc.

Remarque.

A mesure que l'angle D E A est plus obtus, la ligne A E approche plus de la ligne A F, & le point H du point G ; c'est pourquoi si on fait l'angle D E A infiniment obtus, le point G sera le même que le point H, & les angles D E G, D F H seront mesurez par un même arc, & par conséquent ils seront entr'eux, comme réciproquement leurs raions E G, F H, ou I B, L B. Ce qui fournira la figure du mât afin qu'il soit aussi fort au point I qu'au point L, par rapport au poids B.

Proposition 115.

En quelque point que soit le poids B au dessus du point I; il a la même force pour rompre le mât au point I. Mettons le poids au point L, & faisant rompre le mât au point I par l'angle A E D infiniment petit, tirons les lignes B D, I E qui approcheront infiniment d'être paralleles. Tirons aussi L R prenant D R égale à B L ; enfin tirons D N, R M perpendiculaires sur A B : alors les lignes B N, L M exprimeront l'une le mouvement du poids au point B, & l'autre le mouvement du même poids au point L. Figur. 66.

Démonstr. Puisque les lignes D R, L B sont égales & paralleles, les lignes B D, L R sont aussi égales & paralleles ; donc les triangles semblables B D N, L R M seront égaux en tout sens ; donc B N est égale à L M ; donc le mouvement du poids sera le même, soit qu'il soit au point B, ou au point L ; donc sa force pour rompre le mât au point I sera la même. Ce qu'il &c.

Proposition 116.

Les mêmes choses étant supposées ; la force du poids B qu'on met

S ij

au

au point G ſous le point I , eſt à la force qu'il auroit au point I , comme A G à A I. Du point A décrivons les arcs concentriques I E , G P , & tirons E H , P O perpendiculaires ſur A B. Alors la ligne I H exprimera le mouvement du poids B quand il eſt au point I , & la ligne G O exprimera le mouvement du même poids quand il eſt au point G.

Démonſtr. Puiſque les lignes I H , O G ſont les ſinus verſes des arcs ſemblables I E , G P , ils ſeront entr'eux , comme leurs raions A G, A I ; donc la rupture étant la même , la vîteſſe du poids au point I eſt à la vîteſſe du poids au point G , comme A I à A G : donc la force du poids au point I eſt à la force du même poids au point G , comme A I à A G. Ce qu'il &c.

Propoſition 117.

Figur. 67.   Les mêmes choſes étant ſuppoſées ; ſi on exprime la force du poids égal qui eſt dans chaque point du mât , par la perpendiculaire B C , le rectangle I B C D avec le triangle I A D exprimeront la force de tous les poids ſur le point I.

Démonſtr. Puiſque chaque poids L qui eſt au deſſus du point I ,
a la même force que le poids B [a], le rectangle B I D C exprimera la

a
Prop. 115. force de tous les poids I B ſur le point I ; mais la force de chaque

b
Précéd. poids G au deſſous du point I , eſt auſſi exprimée par la ligne G M [b] ; donc la force de tous les poids I A ſur le point I ſera exprimée par le triangle I A D : donc la force de tous les poids du mât ſur le point I , ſera exprimée par le rectangle I B C D , & par le triangle I A D. Ce qu'il &c.

Propoſition 118.

On démontrera de même que la force de tous ces poids ſur le point G , peut être exprimée par le rectangle B G E C, & le triangle G A E.

Propoſition 119.

Parlant en général , la force de tous les poids ſur le point G , peut être exprimée par la ligne A B moins la moitié de A G.

Démonſtr. Si on prend B C pour l'unité , la ligne A B moins la moitié de la ligne A G , exprimera le rectangle B G E C & le triangle G A E ; donc la ligne A B moins la moitié de A G exprimera la

a
Précéd. force de tous les poids ſur le point G [a]. Ce qu'il &c.

Propoſition

Propoſition 120.

Soit encore le mât A B ſoûtenu par le hauban B C , & fixe au point A. Si quelque Puiſſance D pouſſe le mât de hune B D par la direction D E, elle rompra plûtôt le mât au point B , qu'au point F entre A & B. Suppoſons que la Puiſſance portant le point D au point E rompt le mât au point B , & que la rupture eſt D B E , ou qu'il le rompt au point F , de ſorte que continuant E B H M égale à D B A, & tirant A H égale à A F , on exprime la rupture du point F par l'angle A H M. Figur. 68,

Démonſtr. Puiſque l'angle A H M eſt extérieur de l'angle A B H, il eſt plus grand que ſon oppoſé D B E ; donc le mouvement de la Puiſſance étant toûjours le même , la rupture du point B eſt moindre que la rupture du point F ; donc la Puiſſance rompra plûtôt le mât au point B qu'au point F. Ce qu'il &c.

Propoſition 121.

On montrera de même que la Puiſſance D rompra plûtôt le mât au point F , qu'au point I plus éloigné de B.

Propoſition 122.

Si on fait l'angle M B A infiniment petit , la rupture du point F eſt à la rupture du point I ſçavoir A G M , comme réciproquement A I à A F.

Démonſtr. Si on fait l'angle A B M infiniment petit , les lignes A I , A G , & A F , A H ſeront égales ; donc les lignes G A , G M , & H A , H M ſont égales ; donc le même arc M A meſure les angles A G M , A H M : donc ces deux angles ſont comme réciproquement leurs raions , ou comme A I à A F. Ce qu'il &c.

Corollaire

Pour déterminer la figure que doit avoir le mât , il faudroit comparer la force de la vergue I par une direction perpendiculaire au mât, & la force de la Puiſſance D , avec le poids qui charge le mât : car par ce moien on trouveroit l'effort que chaque point du mât doit ſoûtenir, & la figure qui le doit rendre également fort dans tous ſes points : mais parceque ces Puiſſances ſont difficiles à comparer , & que le poids

S iij

fait

fait plus d'effort fur le mât que les autres Puiffances, on fe contente de déterminer la figure du mât par rapport aux poids qu'il doit foûtenir, & on éléve enfuite tant foit peu fon fort, comme nous expliquerons dans la troifiéme partie de cet ouvrage.

Conclufion du Chapitre troifiéme.

L'effort que doivent foûtenir les ancres, les cables, & les haubans, n'aiant rien de difficile : il me femble qu'il ne refte rien à déterminer en général fur l'effort que doivent foûtenir les parties du Vaiffeau.

CHAPITRE QUATRIE'ME.

De la maniere dont les parties du Vaiffeau s'entre-foûtiennent.

§. I.

D'où vient que les Vaiffeaux tombent.

Fig. 69. SOit le Vaiffeau AB plongé jufques à la flotaifon HF : il arrive d'ordinaire que le volume d'eau qu'il occupe par fon milieu, eft plus grand que le poids qu'il y a ; & que le volume d'eau qu'il occupe dans fes bouts, eft moindre que le poids qu'il y a : fur quoi il faut faire les réfléxions fuivantes.

Propofition 123.

Si la partie CD du Vaiffeau occupe plus de volume dans l'eau, qu'elle n'a de poids : elle fera repouffée contre les parties voifines, avec une force égale au poids qui lui manque pour égaler le poids du volume d'eau dont elle occupe la place.

Démonftr. Puifque la force qui repouffe la partie CD du Vaiffeau, eft égale à la force du volume d'eau dont elle occupe la place [a] ; fi fon poids eft moindre que ce volume, il ne fera pas équilibre avec lui : donc la partie CD fera repouffée contre les parties voifines avec une force qui ne pourra être arrêtée, que par un poids égal à ce qui lui manque pour égaler le poids du volume d'eau dont elle occupe la place. Ce qu'il &c.

a
Prop. 99.

Corollaire.

Corollaire.

Il faudra confiderer le Vaiſſeau comme une poutre AB dont les extrémitez A & B ſont fixes, & dont le milieu eſt pouſsé en haut avec une force égale à celle qui manque au Vaiſſeau pour faire équilibre avec le volume d'eau dont il occupe la place ; ou ſi on aime mieux, nous confidererons le Vaiſſeau comme une poutre qui étant également chargée en tous ſes points n'eſt appuiée que ſur ſa partie CD, ce qui fournira une voye aisée de trouver l'effort que les parties AC, BD font pour tomber.

§. II.

Ce qui peut empêcher que les Vaiſſeaux ne tombent.

Propoſition 124.

SOit le Vaiſſeau ABCD dont EF eſt la maîtreſſe varangue, & Figur. 70. AD quelque membre de l'arriere, comme BM quelque membre de l'avant ; le Vaiſſeau ne pourra pas tomber de part & d'autre du point E, ſans que les membres AC, & BM ne s'élargiſſent par le haut, pourveu qu'ils conſervent leurs mêmes angles avec la quille EBM, EAD. Faiſons tomber la ligne EA ſur EG, & EB ſur EI, & faiſons les angles HGE, LIE égaux aux angles DAE, MBE, & les lignes HG, LI égales aux lignes DA, MB.

Démonſtr. Puiſque l'angle DAE n'eſt pas plus grand que l'angle HGE ; & que l'angle FEG eſt plus grand que FEA, les lignes HG, FE ſeront plus ouvertes que les lignes DA, FE. Ce qu'il &c.

Propoſition 125.

Les mêmes choſes étant ſuppoſées ; le Vaiſſeau ne pourra pas tomber de la maniere précédente, ſans que les lignes FM, FD ne s'alongent ; c'eſt à dire que la ligne FH ſera plus grande que FD, & FL plus grande que FM. Tirons FG, FI.

Démonſtr. Puiſque les lignes AE, GE ſont égales, & que l'angle FEA eſt moindre que FEG, la baſe FA eſt moindre que la baſe FG, & l'angle FGE moindre que l'angle FAE ; donc dans les triangles FGH, FAD, l'angle FAD eſt moindre que l'angle FGH, & le côté FA moindre que le côté FG ; donc les côtez HG, DA étant égaux, la baſe FH eſt plus grande que FD. Ce qu'il &c.

Corollaire.

Corollaire.

Il ne fera pas fi difficile qu'on l'a crû jufques ici d'empêcher que les Vaiffeaux ne tombent, comme nous le montrerons dans la feconde partie de ce traité.

Conclufion du fecond Livre.

Il me femble que ce que nous avons déterminé dans ce fecond Livre, fuffit pour établir des régles certaines & aifées, afin de rendre les Vaiffeaux autant folides qu'il fera néceffaire.

Fin du fecond Livre.

Pl. 1. liv. 2. 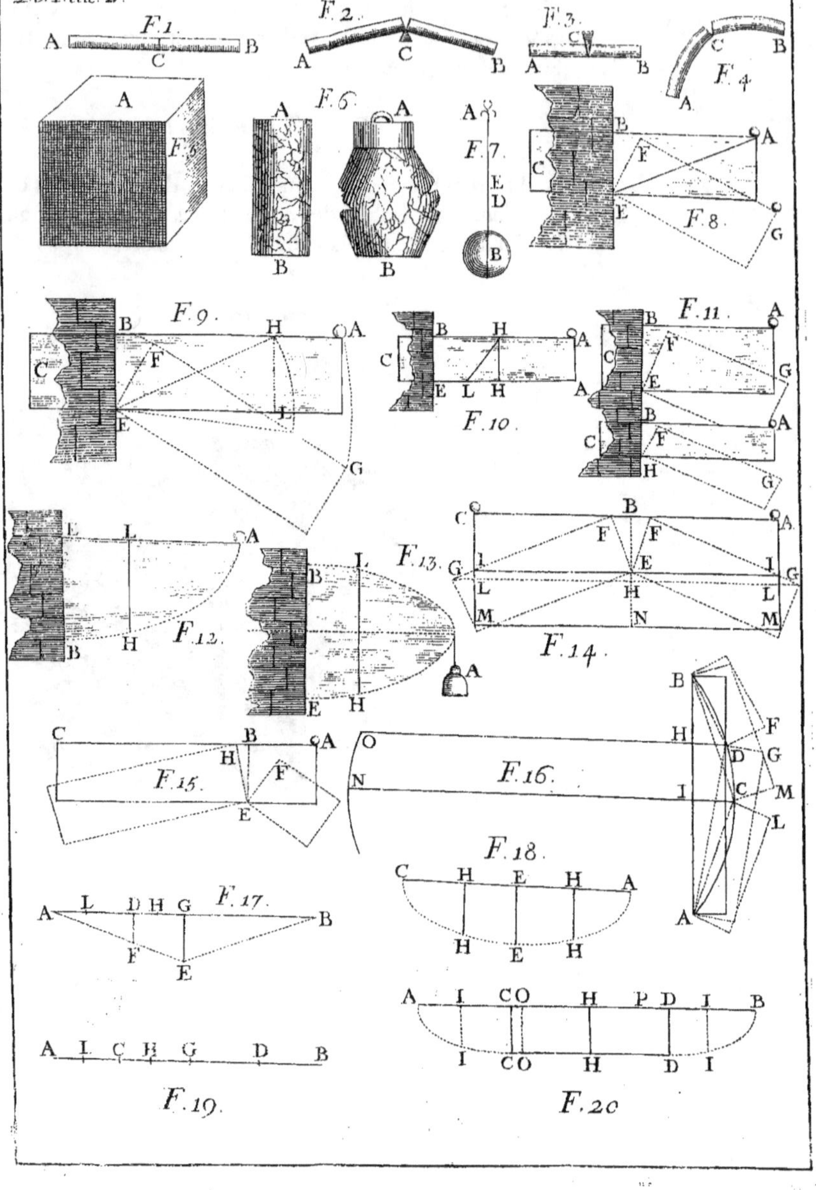
F. 1.
A B
C
F. 2.
A C B
F. 3.
C
A B
F. 4.
C B
A
F. 5.
A
A F. 6. A
B B
A
F. 7.
E
D
B
B
A
C
F
E
F. 8.
G
F. 9.
B H A
C F
E
I
G
F. 10.
B H A
C
E L H
A
F. 11.
B A
C F
E G
A
B F
C H
G
F. 12.
E L A
B H
F. 13.
B L
L
A
E H
C B A
F F
G I I G
L H L
M N M
F. 14.
C B A
H F
F. 15. H F D G
E M
L
B
O
N I
F. 16.
C H E H A
F. 18.
H E H
A L D H G F. 17. B
F E
A I CO H P D I B
I CO H D I
F. 20.
A L C H G D B
F. 19.

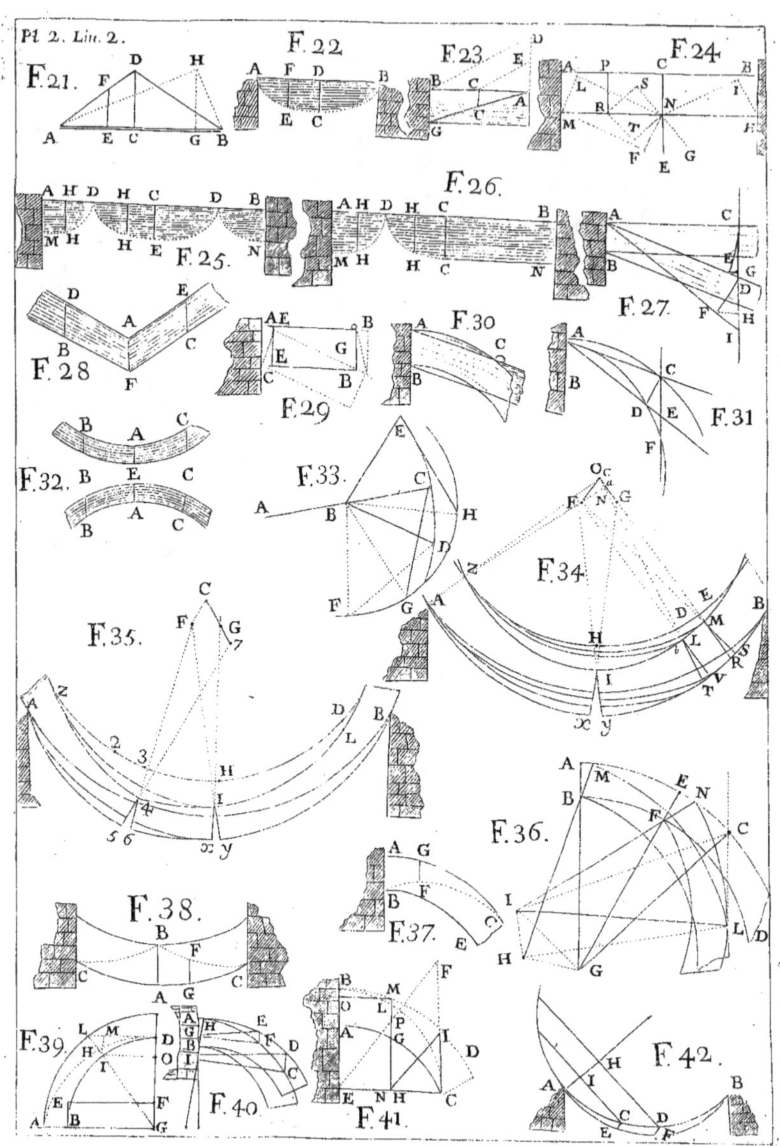

Pl. 2. Litt. 2.
F.21.
F.22
F.23
F.24
F.25.
F.26.
F.27.
F.28
F.29
F.30
F.31
F.32.
F.33.
F.34.
F.35.
F.36.
F.37.
F.38.
F.39.
F.40.
F.41.
F.42.

Pl. 3. Liv. 2.
F.43. 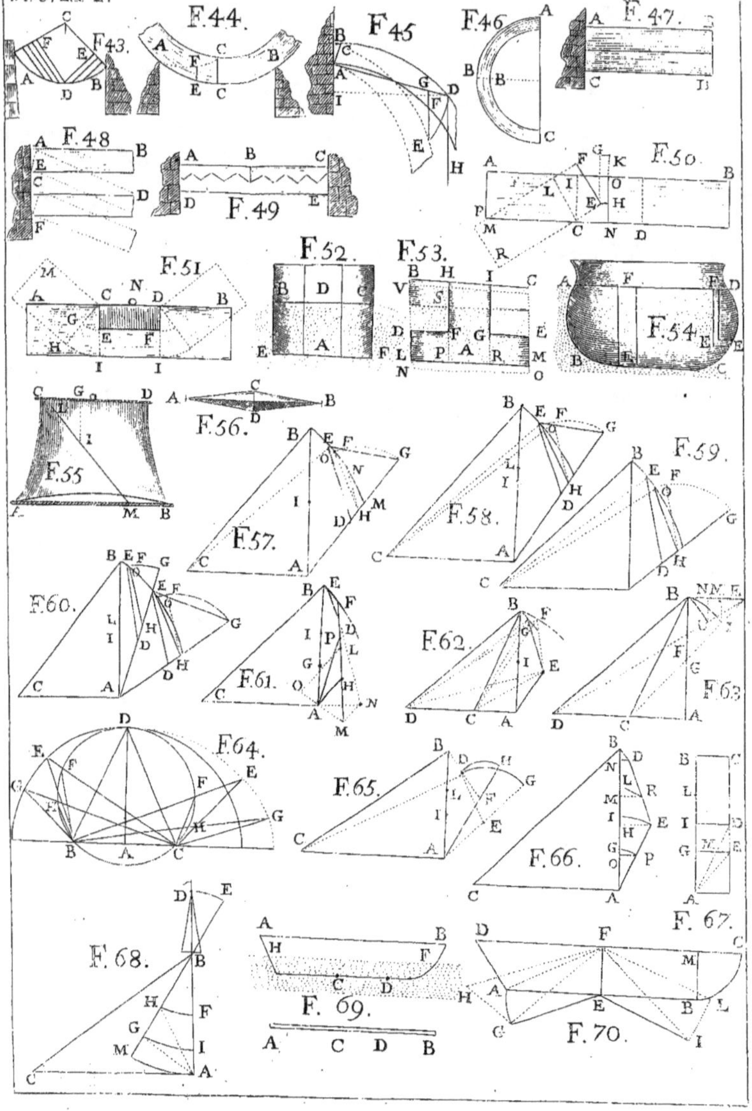
F.44.
F.45
F.46
F.47.
F.48
F.49
F.50.
F.51
F.52.
F.53.
F.54.
F.55
F.56.
F.57.
F.58.
F.59.
F.60.
F.61.
F.62.
F.63.
F.64.
F.65.
F.66.
F.67.
F.68.
F.69.
F.70.

THEORIE
DE LA CONSTRUCTION
DES
VAISSEAUX.

LIVRE TROISIE'ME.

Des plans des Vaiſſeaux.

EXPLICATION DU SUJET.

A perfection d'un Art éxige qu'on n'y donne rien au hazard, & que tout s'y faſſe avec des régles qui déterminent l'ouvrage en toutes ſes parties , & en toutes ſes circonſtances. Les bons Architectes font des plans de leurs édifices , où ils tracent les modéles de toutes les piéces qui doivent y entrer. Il n'eſt pas moins important aux Conſtructeurs de faire les plans des Vaiſſeaux qu'ils ont à conſtruire ; ſi on s'en fie à l'œil pour y régler les moindres choſes, tout l'ouvrage devient défectueux. Voilà ce qui m'oblige de donner dans ce troiſiéme Livre une idée générale des plans du Vaiſſeau, & d'expliquer les lignes courbes qui peuvent y entrer. Il eſt vrai que la maniére dont je tracerai les principaux gabaris du Vaiſſeau, n'éxige pas toutes les lignes courbes dont les Conſtructeurs ſe ſervent ; je ne laiſſerai pas d'en donner un traité complet, pour ne pas trop dépaïſer les Conſtructeurs, & pour leur laiſſer autant que je pourrai leurs anciennes méthodes. D'ailleurs les lignes courbes qui ne ſerviront pas pour les principaux gabaris, pourront ſervir pour les autres piéces moins conſidérables. On trouvera des choſes dans ce traité qui me paroiſſent de quelque conſéquence

T

dans

dans la Géométrie ; & en particulier ce que nous y donnons des progreſſions Arithmétiques , des ſections des triangles , & des courbes qui paſſent par plus de deux points, & qui touchent une ligne donnée.

Nous pouvons reduire tout ce que nous devons donner dans ce Livre ſur les plans du Vaiſſeau en général , à trois chapitres. Dans le premier nous expliquerons les divers plans qu'on peut faire d'un Vaiſſeau : dans le ſecond nous traitterons des reductions que les Conſtructeurs emploient pour faire les plans du Vaiſſeau : & dans le troiſiéme nous fournirons des machines , pour décrire les diverſes courbes qui entrent dans les plans du Vaiſſeau.

CHAPITRE PREMIER.

Des divers plans d'un Vaiſſeau.

LE plan d'un Vaiſſeau n'eſt rien autre choſe que la projection des diverſes parties du Vaiſſeau , faite ſur un de ſes plans par des lignes perpendiculaires ſur ce même plan.

Comme les plans du Vaiſſeau doivent fournir une figure exacte de toutes les parties du Vaiſſeau , on en fait trois projections differentes. La premiere ſe fait ſur le plan de la maîtreſſe varangue. La ſeconde ſe fait ſur un plan vertical perpendiculaire au plan de la maîtreſſe varangue , & qui coupe le Vaiſſeau en deux parties égales. La troiſiéme ſe fait ſur un plan horizontal , qui coupe le Vaiſſeau depuis la poupe juſques à la proüe.

Nous appellerons *Gabaris* les modéles dont on ſe ſert pour déterminer les faces des parties qui compoſent le Vaiſſeau ; & dans les projections nous prendrons les gabaris pour les faces.

§. I.

Du plan du Vaiſſeau qui ſe fait ſur la maîtreſſe varangue.

Propoſition 1.

TOutes les faces , ou les gabaris du Vaiſſeau , qui ſont paralleles à la maîtreſſe varangue , ſont exprimez dans le plan avec leur figure, & leurs dimenſions naturelles. Soit donc la face , ou le gabari A B C D E parallele à la maîtreſſe varangue. Tirons les perpendiculaires A F, B G, C H, D I, E L ſur le plan de la projection. Je dis que la figure F G H I L qui dans le plan ſera la projection du gabari A B C D E , lui eſt égale en tout ſens.

Démonſtr.

Démonstr. Puisque les plans A B C D E, F G H I L sont paralleles, les perpendiculaires tirées de l'un à l'autre seront égales & paralleles ; donc les lignes qui les joindront, seront aussi égales & paralleles : donc les lignes A B, B C, C D, D E seront égales & paralleles aux lignes F G, G H, H I, I L : donc la figure A B C D E est
égale en tout sens à la figure F G H I L. Ce qu'il &c.

Proposition 2.

Toutes les faces ou tous les gabaris du Vaisseau, qui sont perpendiculaires à la maîtresse varangue, s'exprimeront dans le plan par des
lignes droites, qui seront les communes sections de ces gabaris avec
la maîtresse varangue.

Démonstr. Puisque les lignes qui font les projections, font aussi
perpendiculaires à la maîtresse varangue, elles ne sortiront pas du
plan des gabaris dont elles font la projection ; donc elles tomberont
toutes dans la commune section des gabaris avec la maîtresse varangue. Ce qu'il &c.

Corollaire 1.

Si on coupe le Vaisseau par un plan qui soit perpendiculaire à la
maîtresse varangue, la ligne courbe qui sera la commune section de
ce plan avec le contour extérieur du Vaisseau, s'exprimera par une ligne droite. C'est ainsi que les lignes A B seront les projections des Fig. 2.
lisses du Vaisseau : car les lisses ne font rien autre chose, que les communes sections du contour extérieur du Vaisseau avec les plans perpendiculaires à la maîtresse varangue, qui coupent le Vaisseau.

Corollaire 2.

De même la ligne C E B est la projection du plan perpendiculaire
qui divise l'étrave, l'étambord, & toute la quille en deux parties égales. C'est pourquoi si de quelque point D des lignes A B on tire une
perpendiculaire D E sur C B, elle exprimera la moitié de la largeur
du Vaisseau à l'endroit du point D.

Proposition 3.

Reprenons la partie A B C de la figure précédente, & supposons Figure 3.
que la ligne A B est la projection de la figure A G F H B, qui est la
commune section du contour du Vaisseau, & d'un plan perpendiculaire à la maîtresse varangue. Tirons de chaque point G de la
courbe, les perpendiculaires G H sur F B, de sorte qu'elles divisent
F B en parties égales ; puis aiant tiré les lignes G D perpendiculaires sur A B, nous trouverons que chaque point D sera la projection

T ij

de

de chaque point G , & les lignes B D ſeront égales aux appliquées de la courbe.

Démonſtr. Puiſque chaque ligne B A eſt la projection de la courbe A G F [a] , & que la projection de chaque point G de la courbe , ſe fait par des perpendiculaires au plan de la projection ; chaque ligne G D fera la projection du point G au point D ; donc les points D ſeront les projections des points G , & les lignes B D ſeront égales aux appliquées G H de la courbe. Ce qu'il &c.

Précéd.

Corollaire 1.

Si on diviſe les lignes B A aux points D , de maniere que les lignes B D ſoient les appliquées de quelques courbes , & qu'on faſſe les gabaris D D D ; quand on les rangera ſur la quille à des diſtances proportionnées aux diſtances des appliquées des courbes, ils exprimeront le contour extérieur du Vaiſſeau, de telle maniere que les liſſes qu'on leur appliquera ne feront point de coude.

Corollaire 2.

Quand on aura déterminé le gabari de la maîtreſſe varangue A A A, & le gabari des eſtains B B B ; ſi on tire pluſieurs lignes A B , & qu'on les diviſe aux points D , de telle maniére que les lignes B D ſoient les appliquées également, ou proportionnellement diſtantes de quelques courbes : les points D fourniront les gabaris de tous les membres du Vaiſſeau depuis la maîtreſſe varangue juſques aux eſtains.

Corollaire 3.

Il ſera aiſé de donner au Vaiſſeau le contour extérieur qu'on aura déterminé , en ſe ſervant des appliquées des courbes qu'on aura demandé dans chaque coupe du Vaiſſeau , pour déterminer les lignes B D. Par exemple, ſi on veut qu'en coupant le contour extérieur du Vaiſſeau par un plan perpendiculaire à la maîtreſſe varangue, la ſection ſoit une parabole, il faudra que les lignes B D ſoient les appliquées d'une parabole.

§. II.

Des deux autres plans du Vaiſſeau.

IL ſera aiſé d'appliquer à la projection du Vaiſſeau ſur les deux autres plans , tout ce que nous avons dit de celle qui ſe fait ſur le plan de la maîtreſſe varangue. Il faut ſeulement remarquer que la premiere projection donne la figure naturelle de tous les gabaris des faces paralleles à la maîtreſſe varangue. La ſeconde donne les gabaris

des

des faces verticales perpendiculaires à la maîtreſſe varangue ; & la troiſiéme donne les gabaris des faces horizontales perpendiculaires à la maîtreſſe varangue : ce qui ſuffit pour déterminer toutes les piéces du Vaiſſeau.

CHAPITRE SECOND.

Des Reductions.

LEs Conſtructeurs appellent *reductions* les diverſes manieres dont ils ſe ſervent pour reduire les appliquées d'une ligne aux appliquées d'une autre, en trouvant celles-cy par celles-là. Ainſi quand on trouve les appliquées d'une ellipſe, par celles d'un cercle, ils diſent qu'on fait une *reduction*. Nous nous attacherons particulierement à celles qui ſont en uſage parmi les Conſtructeurs ; afin de ne rien changer de tout ce qu'ils ont de bon dans la pratique.

§. I.

Trouver toutes les ellipſes poſſibles par des reductions.

Propoſition 4.

SOit DB le quart de la circonferance d'un cercle, dont AB, AD $^{Figur. 4.}$ ſont les raions, CE les appliquées, & CB les fléches ; ſi on prend FL plus grande que AB, & qu'on la diviſe par les points I, comme AB eſt diviſée par les points C, & qu'on tire les perpendiculaires IH égales aux perpendiculaires CE : je dis que les points H ſeront dans la circonferance d'une ellipſe dont AB ſera la moitié du petit axe, & FL la moitié du grand. Suppoſons qu'en effet GHL eſt une ellipſe dont FG égale à AB fait la moitié du petit axe, & FL la moitié du grand : il faut démontrer que les perpendiculaires IH ſont égales aux perpendiculaires CE. Faiſons $AB = a$ $FL = \frac{a+b}{2}$ $CB = y$, $CE = z$.

Dém. Puiſque le petit axe d'une ellipſe eſt moien proportionnel entre ſon côté droit & ſon grand axe ^{a}, le côté droit de l'ellipſe FGL ſera $\frac{aa}{a+b}$. D'ailleurs puiſque $AB : CB :: FL : IL$, ou $\frac{a}{2} : y :: \frac{a+b}{2} :$ $^{Sect. Con.}$ IL, nous avons $IL = \frac{ay+by}{a}$: donc le rectangle ſur le côté droit de l'ellipſe & ſur la fléche IL, ſera $\frac{aay+aby}{a+b}$, & le quarré de la fléche IL ſera $\frac{aayy+2abyy+bbyy}{aa}$: donc ſi on fait $a+b : \frac{aa}{a+b} :: \frac{aayy+2abyy+bbyy}{aa} :$

T iij   aayy

$\frac{aayy + 2abyy + bbyy}{aa + 2ab + bb}$, cette quatriéme grandeur ſera le rectangle qu'il faudra ajoûter au quarré de l'appliquée IH, pour faire le rectangle ſur la fléche IL, & ſur le côté droit de l'ellipſe : donc ce quarré de IH ſera $\frac{aay + aby +}{a + b} - \frac{aayy - 2abyy - bbyy}{aa + 2ab + bb}$, ou $ay - yy$. Mais par la nature du cercle le quarré de CE vaut auſſi $ay - yy$; donc le quarré de CE eſt égal au quarré de IH. Ce qu'il &c.

Remarque.

Nous ſuivons cette maniere de démontrer, afin de ne ſuppoſer que les premieres notions des courbes dont nous parlons.

Propoſition 5.

Si au lieu de ſe ſervir du quart de cercle ABD, on tiroit quelque ligne ME parallele à AB, & qu'aprés l'avoir diviſé par les perpendiculaires NE, on diviſe quelque ligne OH plus grande que ME, proportionnellement par les lignes PH : les points H ſeront encore dans la circonferance d'une ellipſe, dont AB ſera la moitié du petit axe , & dont la moitié du grand axe ſera à OH, comme AB à ME.

La démonſtration eſt la même.

Propoſition 6.

Si la ligne FL eſt moindre que AB, ou OH moindre que ME, la même choſe arrivera : mais alors la ligne AB donnera la moitié du grand axe , & FL la moitié du petit.

Corollaire.

Etant donnez les deux axes d'une ellipſe , ou l'équivalent, on trouvera toutes ſes appliquées par les appliquées du cercle.

§. I I.

Trouver toutes les paraboles poſſibles par les reductions.

Remarque.

ON peut les trouver par les cordes d'un cercle : mais comme cette maniere n'eſt pas en uſage, nous ne nous y arrêtons pas.

Propoſition 7.

Figur. 5.   Si deux progreſſions Arithmétiques diviſent la ligne AB, de telle maniere que les diviſions de celle qui a moins de termes, concourent avec les diviſions de celle qui en a plus ; la difference regnante de la progreſſion

progreſſion qui a plus de termes, ſera égale à la difference regnante de celle qui en a moins, divisée par le quarré du nombre des fois que les termes de la progreſſion plus nombreuſe, contiennent les termes de la progreſſion moins nombreuſe. Ainſi quand la progreſſion plus nombreuſe a deux fois autant de termes que la moins nombreuſe, la difference regnante de la plus nombreuſe eſt le quart de la difference qui regne dans la moins nombreuſe. Faiſons AC premiere partie de la progreſſion moins nombreuſe $= a$, ſa difference regnante $= b$, & par conſéquent la ſeconde partie $CD = a + b$; faiſons auſſi la premiere partie de la progreſſion plus nombreuſe $= z$, ſa difference regnante $= y$, le nombre des termes de la ſeconde progreſſion qui ſont dans $AC = v$. Il faudra démontrer que $\frac{b}{vv} = y$.

Démonſtr. Puiſque z eſt la premiere partie de la ſeconde progreſſion qui compoſe AC, & v le nombre des termes, & y la difference regnante, $z + vy - y$ ſera la derniere partie de la progreſſion [a] : & multipliant la ſomme de la premiere & derniere partie par la moitié du nombre des termes, nous ferons toute la progreſſion AC; donc $\frac{2vz + vvy - vy}{2} = a$. De même dans la progreſſion qui compoſe CD, la premiere partie ſera $z + vy$, & la derniere ſera $z + 2vy - y$; leur ſomme ſera $2z + 3vy - y$, & ſon produit par la moitié du nombre des termes, ſçavoir $\frac{2vz + 3vvy - vy}{2}$ ſera égal à CD: donc $2vz + 3vvy - vy = 2a + 2b$, & retranchant de part & d'autre la valeur de $2a$, nous ferons $vvy = b$, ou $y = \frac{b}{vv}$. Ce qu'il &c.

[a] Nat.prog.

Propoſition 8.

Si on diviſe la ligne AB en progreſſion Arithmétique par les points [Figur. 6.] E, & qu'on éléve les lignes EF paralleles à BD, & égales aux lignes GH qui diviſent les côtez BC, CD du triangle BCD en un nombre de parties égales pareil au nombre des parties AE : je dis que les points F ne ſeront pas dans une ligne droite.

Démonſtr. Puiſque EF eſt parallele à BD, ſi AFD étoit droite, EF ſeroit à BD, ou GH à BD, ou CG à CB, comme AE à AB contre la ſuppoſition; donc la ligne FD n'eſt pas droite. Ce qu'il &c.

Propoſition 9.

Si on donne la fléche AI de la courbe, on trouvera la ligne CL qui lui répond dans le triangle, de telle maniere que la parallele LM du triangle ſoit égale à l'appliquée IN de la courbe. Pour cela il ne

faut

faut que chercher la raiſon qui eſt entre le nombre des termes qui ſont dans A B, & le nombre des termes qui ſont dans A I pour la progreſ-ſion Arithmétique qui concourant avec la précédente donneroit le point I. Pour la trouver faiſons A E qui eſt le premier terme de la premiere progreſſion $= a$, la difference regnante $= b$, la ligne A I $= d$, le premier terme de la progreſſion qui donnera le point I $= z$, le nombre des termes que cette nouvelle progreſſion met dans la ligne A B $= x$, le nombre des termes qu'elle met dans A I $= y$, le nombre des termes que la premiere progreſſion met dans A B $= c$.

Démonſtr. Puiſque c donne le nombre des termes que la premie-re progreſſion met dans A B, & x le nombre des termes que la ſe-conde y met, $\dfrac{x}{c}$ ſera le nombre des fois que les termes de la ſecon-de progreſſion contiennent ceux de la premiere, & par conſéquent [a] $\dfrac{bcc}{xx}$ ſera la difference regnante de la ſeconde progreſſion : donc $z + \dfrac{bcc}{x} - \dfrac{bcc}{xx}$ ſera le dernier terme de la ſeconde progreſſion, & $2z + \dfrac{bcc}{x} - \dfrac{bcc}{xx}$ ſera la ſomme du premier & dernier terme, qui étant mul-tipliée par $\dfrac{x}{2}$ donnera toute la progreſſion A B : donc $\dfrac{2zxx + bccx - bcc}{2x} = $ A B. Mais on trouve par la même voye que la premiere pro-greſſion donne $\dfrac{2ac + ccb - cb}{2} = $ A B ; donc $\dfrac{2zxx + bccx - bcc}{2x} = \dfrac{2ac + ccb - cb}{2}$ ou $2zxx + bccx - bcc = 2acx + ccbx - cbx$; donc $z = \dfrac{2acx - cbx + bcc}{2xx}$. De même le nombre des termes qui ſont dans A I valant y, la ſomme du premier & du dernier ſera $\dfrac{2acx - bcx + bccy}{xx}$ qui étant multipliée par $\dfrac{y}{2}$, donnera la valeur de A I, ou de d : donc $2aczy - bc\overset{2}{x}y + bccyy = 2dxx$; donc $x = \sqrt{\dfrac{4aaccyy - 4baccyy + bbccyy + 8dbccyy}{16dd}} + \dfrac{2acy - bcy}{4d}$: donc faiſant valoir y ce qu'on voudra, on aura la valeur d'x, & par conſéquent on aura la raiſon qui eſt entre les termes que la ſeconde progreſſion met dans A B, & ceux qu'elle met dans A I ; donc on aura la raiſon de C B à C L. Ce qu'il &c.

Propoſition 10.

Les mêmes choſes étant ſuppoſées ; les points A, F, D ſont dans la circonference d'une parabole.

Faiſons A E $= z$ & E F $= y$, le nombre des termes qui ſont dans A E $= b$ & celui des termes qui ſont dans A B $= x$. Nous aurons d'abord d'abord par la précédente $x = \sqrt{\dfrac{4aacchh - 4bacchh + bbcchh + 8zbcchh}{16zz}} + \dfrac{2ach - bch}{4z}$: & afin d'abréger les operations faisons $4aacchh - 4bacchh + bbcchh = d$, & $8bcchh = f$, & $2ach - bch = g$; nous aurons $x = \sqrt{\dfrac{d + fz}{16zz}} + \dfrac{g}{4z}$. Faisons encore $BD = l$.

Démonstr. Puisque le nombre des termes qui sont dans A B, est au nombre des termes qui sont dans A E, comme BD à GH ou BD à EF, nous aurons $\sqrt{\dfrac{d + fz}{16zz}} + \dfrac{g}{4z} : h :: l : y$; donc $hl = \sqrt{\dfrac{dyy + fzyy}{16zz}} + \dfrac{gy}{4z}$; donc $hl - \dfrac{gy}{4z} = \sqrt{\dfrac{dyy + fzyy}{16zz}}$; donc $hhll - \dfrac{hlgy}{2z} + \dfrac{ggyy}{16zz} = \dfrac{dyy + fzyy}{16zz}$: donc $16hhllzz - 8hlgyz + ggyy = dyy + fzyy$. Puis remettant les lettres que nous avons changées, à la place de celles que nous leur avions substituées, & reduisant l'équation à ses moindres termes, nous aurons $2llz - 2acly + bcly = bccyy$, ou $yy = \dfrac{2llz - 2acly + bcly}{bcc}$; ce qui marque que les points A, F, D sont dans une parabole. Ce qu'il &c.

Proposition 11.

Si la différence regnante dans la progression qui a produit la ligne A F D, est double de la premiere partie A E ; la courbe A F D sera une parabole dont A est le sommet, A B l'axe, & E F les appliquées, & dont le côté droit vaudra $\dfrac{2ll}{bcc}$.

Démonstr. Puisque $2a = b$, l'équation précédente $yy = \dfrac{2llz - 2acly + bcly}{bcc}$ se reduit à celle-cy $yy = \dfrac{2llz}{bcc}$; donc le quarré de l'appliquée E F vaut le rectangle sur la fléche E A, & sur le côté droit $\dfrac{2ll}{bcc}$. Ce qu'il &c.

Proposition 12.

En changeant la ligne B D, on fera toutes les paraboles dont on aura déterminé le côté droit. Par exemple soit la ligne x donnée pour le côté droit d'une parabole qu'on doit faire sur A B. Divisons A B en seize parties, dont la premiere sera le premier terme de la progression, les trois secondes feront le second, les cinq suivantes le troisiéme, & les sept dernieres le quatriéme : faisons ensuite que la premiere partie de la progression soit à toute la progression, comme x à une quatriéme ligne ; si vous prenez une moienne proportionnelle entre la premiere partie de la progression, & cette quatriéme ligne, vous aurez la longueur de la ligne B D, afin que la parabole A F D soit telle qu'on

V

la

la demande. Faifons encore $a = $ la premiere partie de la progreffion dont la difference eft b, ou $2a$, & $BD = l$.

Démonftr. Puifque $a : 16a :: x :$ une quatriéme grandeur, elle fera $16x$, & puifque $16x : l :: l : a$, nous aurons $ll = 16xa$; & parceque le nombre des termes qui font dans AB vaut 4, fi on le nomme c nous aurons $cc = 16$; donc $xacc = ll$; donc $x = \frac{ll}{acc}$ ou $x = \frac{2ll}{bcc}$; donc la courbe AFD a pour fon côté droit la ligne x. Ce qu'il &c.

Propofition 13.

Figur. 8. Si le premier terme de la progreffion eft plus grand que la moitié de la difference regnante, la courbe AFD fera une parabole dont AB fera un diamétre, & dont quelque ligne RL parallele à AB fera l'axe, de telle maniere que les lignes FE augmentées d'une même quantité feront les appliquées, & les lignes EA feront moindres que les fléches d'une même quantité.

Démonftr. Puifque $2a$ valent plus que b, nous pouvons faire $2a - d = b$; donc on peut reduire l'équation précédente $yy = \frac{2llz - 2acly + bcly}{bcc}$, à celle-cy, $yy = \frac{2llz - dcly}{bcc}$: augmentons EF de la ligne EO égale à r, & AE de la ligne AP égale à p, & faifons $z + p = x$, & $y + r = v$, ou bien $z = x - p$, & $y = v - r$, & mettons les valeurs de z, & d'y à leur place dans l'équation précédente : nous aurons $vv - 2vr + rr = \frac{2llx - 2llp - dclv + dclr}{bcc}$; donc en fuppofant $2r = \frac{dl}{bc}$, & $p = \frac{bccrr}{2ll}$ nous ferons $\frac{2llx}{bcc} = vv$; ce qui fait voir que fi on fait EO égale à $\frac{dl}{2bc}$, & AP égale à $\frac{dd}{8b}$, & qu'on faffe OR égale à EP, nous aurons la parabole RAFD dont R fera le fommet, RL parallele à AB l'axe, & FO les appliquées. Ce qu'il &c.

Propofition 14.

Figur. 9. Si au contraire $2a$ valent moins que b, on reduira l'équation à la fuivante $yy = \frac{2llz + dcly}{bcc}$, & on trouvera de même que fi on augmente les lignes AE de la grandeur AP, & qu'on diminuë les lignes FE de la grandeur EO, on aura encore la parabole ARFD, dont R fera le fommet, AB le diamétre, RL l'axe, & FO les appliquées.

Remarque.

Fig. 7. Pour rendre la chofe plus fenfible, il faut remarquer que toutes les progreffions arithmétiques peuvent concourir avec une progreffion arithmétique, dont le premier terme n'eft que la moitié de la difference regnante; pourveu qu'on ajoûte quelque ligne AP au commencement

de

de la ligne A B : la choſe mérite que nous la développions par les pro-poſitions ſuivantes.

Propoſition 15.

Si la progreſſion arithmétique qui diviſe la ligne A B , n'a pas une différence double de ſon premier terme, on en trouvera une qui concourra avec elle , & dont la différence ſera double de ſon premier terme. 1. On en peut trouver le premier terme , & la différence regnante. Fig. 5.

Démonſtr. Prenons A C qui fait les deux premiers termes de la progreſſion A B, & qui vaut $2a + b$. Faiſons $x =$ au nombre des termes que la progreſſion cherchée mettra dans A C ; nous aurons $\dfrac{x}{2}$ Figur. 7.

pour le nombre des fois que les termes de cette nouvelle progreſſion contiendront les termes de la premiere ; donc la différence regnante de la nouvelle progreſſion ſera $\dfrac{4b}{xx}$ [a] & ſon premier terme $\dfrac{2b}{xx}$; donc [a] Prop. 7.

ſi on détermine la valeur d'x , on aura le premier terme , & la diffe-rence regnante de la progreſſion cherchée. Ce qu'il &c.

Propoſition 16.

2. On trouvera que le premier des termes qui compoſent la ligne A C vaut $\dfrac{2ax - bx + 2b}{xx}$. Faiſons ce premier terme $= z$.

Démonſtr. Puiſque z eſt le premier terme de la progreſſion A C, qui a pour ſa différence regnante $\dfrac{4b}{xx}$, ſon dernier terme ſera $z +$

$\dfrac{4b}{x} - \dfrac{4b}{xx}$, & la ſomme de ſon premier & dernier terme multipliée

par la moitié du nombre des termes ou par $\dfrac{x}{2}$, fera $zx + 2b - \dfrac{2b}{x}$

égal à la ligne A C ; donc $zx + 2b - \dfrac{2b}{x} = 2a + b$ ou $zxx =$

$2ax - bx + 2b$ ou $z = \dfrac{2ax - bx + 2b}{xx}$. Ce qu'il &c.

Propoſition 17.

3. On trouvera le nombre des termes qui ſont depuis le premier de ceux qui compoſent la nouvelle progreſſion , juſques au premier de ceux qui compoſent la ligne A C , ou le nombre des termes qui ſont dans A P.

Démonſtr. Puiſque $\dfrac{2b}{xx}$ [a] eſt le premier terme de la nouvelle pro-greſſion , & $\dfrac{2ax - bx + 2b}{xx}$ le premier de ceux qui compoſent la ligne [a] Prop. 15.

A C , ſi on ſouſtrait l'un de l'autre on aura leur différence $\dfrac{2ax - bx}{xx}$,

V ij laquelle

laquelle étant divisée par la difference regnante $\frac{4b}{xx}$, donnera $\frac{2ax - bx}{4b}$ pour le nombre des termes qui font dans A P. Ce qu'il &c.

Proposition 18.

4. On trouvera la valeur de la ligne A P.

Démonstr. Puifque $\frac{2ax - bx + 2b}{xx}$ eft le premier terme de ceux qui compofent A C , fi on en fouftrait la difference regnante, on aura $\frac{2ax - bx - 2b}{xx}$ pour le dernier terme de la ligne A P : ajoûtez lui le premier $\frac{2b}{xx}$ & vous aurez $\frac{2a - b}{x}$ qui étant multiplié par la moitié du nombre des termes qui font dans A P , fçavoir $\frac{2ax - bx}{8b}$, fera $\frac{4aa - 4ab + bb}{8b}$ valeur de la ligne A P. Ce qu'il &c.

Proposition 19.

Si le premier terme de la premiere progreffion n'étoit que la moitié de la difference regnante, la ligne A P feroit nulle.

Démonstr. Si $2a$ valoit b , la quantité $\frac{4aa - 4ab + bb}{8b}$ fe reduiroit à celle-cy $\frac{8a - 8a}{16}$ ou $\frac{o}{16}$. Ce qu'il &c.

Proposition 20.

Si le premier terme de la premiere progreffion eft égal à la difference regnante, la ligne A P fera la huitiéme partie de ce premier terme.

Démonstr. Puifque $a = b$, nous aurons $\frac{4aa - 4ab + bb}{8b} = \frac{a}{8}$. Ce qu'il &c.

Proposition 21.

Si le premier terme de la premiere progreffion eft moindre que la moitié de la difference regnante, la ligne A P ne fera pas négative.

Démonstr. Faifons $2a + y = b$, nous aurons $\frac{4aa - 4ab + bb}{8b} = \frac{yy}{8b}$; donc fi y eft pofitif, la ligne A P fera auffi pofitive. Ce qu'il &c.

Proposition 22.

La même chofe étant fuppofée ; le nombre des termes qui font dans A P fera négatif.

Démonstr. Puifque $2a + y = b$, nous aurons $\frac{2xa - bx}{4b} = \frac{-yx}{4b}$; donc [a] le nombre des termes qui font dans A P eft négatif. Ce qu'il &c.

[a] Prop. 17.

Remarque.

Remarque.

Ceci nous fait connoître que le nombre des termes qui ſont dans A P, doit être retranché de celui qui eſt dans A C, pour faire celui qui eſt dans P C, ou que les termes qui ſont dans A P, doivent aller du point A vers le point P.

Propoſition 23.

Reprenons la courbe A F D qui a été formée par le triangle B C D ; Figur. 8. & ſuppoſons que le premier terme de la progreſſion qui a ſervi à la former, ſoit plus grand que la moitié de la difference regnante. Je dis que la courbe eſt une parabole dont A B eſt le diamétre, & dont les lignes F E augmentées de quelque quantité ſont les appliquées à l'axe.

Démonſtr. Suppoſons une nouvelle progreſſion dont le premier terme eſt égal à la moitié de la difference regnante, & qui commençant au point P concourt avec la précédente, & diviſe la ligne B P aux points A, E, S ᵈ. Prolongeons D C juſques au point I, de telle maniere Pro. 15. que la ligne C I ait autant de parties égales aux parties H H, qu'il y a de termes dans la ligne A P, & aprés avoir tiré la ligne I L R parallele à A B, & prolongé D B juſques au point L, & les lignes H G juſques aux points M, & les lignes F E juſques aux points O, & avoir fait L R égale à B P, nous trouverons que la courbe R A F D eſt une parabole ᵃ dont R L eſt l'axe, & F O les appliquées. Ce qu'il &c. Prop. 11.

Propoſition 24.

Si le premier terme de la progreſſion qui a formé la courbe A F D, Figure 9. eſt moindre que la moitié de la difference regnante : on trouvera que la courbe eſt auſſi une parabole dont A B eſt le diamétre, & dont les lignes F E diminuées d'une certaine quantité font les appliquées à l'axe.

Démonſtr. Aprés avoir trouvé une nouvelle progreſſion dont le premier terme ſoit la moitié de la difference regnante, & qui commençant au point P diviſe la ligne P B aux points A, E, S : il faudra diviſer la ligne D C en autant de parties égales que la nouvelle progreſſion a de termes ; puis prenant ſur C I autant de ces parties qu'il y a de termes dans la ligne A P, on tirera la ligne I L R parallele à A B, de telle maniere que L R ſoit égale à A B, & alors ᵃ la courbe Prop. 11. A R F D ſera une parabole dont R L ſera l'axe, & dont F O feront les appliquées. Ce qu'il &c.

Remarque.

On voit pourquoi les termes de la ligne A P commencent par A & vont vers P ; ſçavoir afin que les lignes H M étant miſes par ordre

V iij

ſur

fur les divifions de la ligne A P, en allant vers P, & en revenant vers A, forment la téte A R F de la parabole.

§. III.

Trouver toutes les hyperboles poſſibles par des reductions.

Propoſition 25.

Figur. 10. SOit A B le raion d'un cercle, & A D C diverſes ſécantes. Si on éléve les perpendiculaires C E ſur B C, & qu'elles ſoient égales aux lignes C D ; les points E ſeront dans une hyperbole dont B fera le ſommet, B A G le diamétre & le côté droit, & dont l'axe ſera B F qui fait une même ligne avec A B. Faiſons A B $= a$, B F ou D C $= y$, & B C ou F E perpendiculaires ſur B F $= z$.

Démonſtr. Dans le triangle rectangle A B C, les quarrez A B, B C ſont égaux au quarré A C ; donc $aa + zz = aa + 2ay + yy$; donc $zz = 2ay + yy$; donc le quarré de l'appliquée F E eſt égal au rectangle ſur la fléche B F & ſur le côté droit $2a$, & de plus à un rectangle qui eſt égal au quarré de la fléche, comme le côté droit eſt égal au diamétre B G ; donc la courbe eſt une hyperbole. Ce qu'il &c.

Propoſition 26.

Si on tire quelque ligne H I parallele à B C, & qu'aux points I où H I coupe les ſécantes A D C on éléve les perpendiculaires I L égales par ordre aux lignes C D : les points L ſeront dans une hyperbole dont le ſommet ſera le point H, la ligne G A B le diamétre, & dont le côté droit ſera au diamétre, comme le quarré H A au quarré B A. Faiſons H A $= b$, & tirons les perpendiculaires L M ſur A B, & faiſons L M $= x$.

Démonſtr. Puiſque H A eſt à H I comme B A à B C, nous aurons $b : x :: a : z$; donc $x = \dfrac{bz}{a}$ & $xx = \dfrac{bbzz}{aa}$; mais $zz = 2ay + yy$, & par conſéquent $\dfrac{bbzz}{aa} = \dfrac{2abby + bbyy}{aa}$; donc $xx = \dfrac{2abby + bbyy}{aa}$; donc le quarré de l'appliquée L M vaut le rectangle ſur la fléche I L ou H M, & ſur le côté droit $\dfrac{2bb}{a}$, & un rectangle $\dfrac{bbyy}{aa}$ qui eſt au quarré yy, comme le côté droit $\dfrac{2bb}{a}$ eſt à la ligne G A B, qui par conſéquent ſera le diamétre de l'hyperbole, & qui valant $2a$ ſera au côté droit $\dfrac{2bb}{a}$ comme aa eſt à bb. Ce qu'il &c.

Corollaire.

Si la ligne H A eſt moindre que B A, le côté droit ſera moindre que

que le diamétre, & si la ligne H A est plus grande, le côté droit sera plus grand ; ce qui fournit toutes les hyperboles possibles.

Proposition 27.

Soit le triangle A B D ; aiant du point A tiré quelque ligne A C, _{Figur. 11.} & du point D quelque ligne D S qui coupe A C au point F, tirons F L perpendiculaire sur A C égale à S B, & A I parallele à F L égale à A B : je dis que les points I, L, C sont dans la circonference d'une hyperbole équilatére, dont nous déterminerons le côté droit & le côté traversant, avec les assimptotes.

Aiant prolongé A C jusques à ce qu'elle rencontre la ligne D E parallele à la ligne A B, tirons E O parallele à F L & égale aux lignes A B, D E : puis aiant tiré O V parallele à A C, divisons l'angle E O V également par la ligne O R qui rencontre C A au point R, A I au point P, & F L au point T. Enfin aiant tiré les perpendiculaires C G, I H sur O R, faisons O N égale à la racine du produit des quarrez C G, O H, moins le produit des quarrez I H, O G, divisé par le quarré I H, moins le quarré G C : Alors les lignes O E, O V seront les assimptotes de l'hyperbole, O N sera son diamétre, & N R son axe.

Pour le démontrer faisons $AB = a$, $AE = b$, $CG = c$, $IH = d$, $OG = f$, $OH = g$, $ON = l$, $OR = h$, $DE = m$, AR ou $AP = n$, $OE = r$, $NM = y$, $LM = z$. On trouvera $ON = \sqrt{\dfrac{ccgg - ddff}{dd - cc}}$,

$TL = \dfrac{hz}{r}$, $RN = h - l$, & $TR = h - l - y - z$.

Dém. Dans les triangles semblables R E O, R F T, T R : est à T F, comme O R à O E ; donc $h - l - y - z : TF :: h : a + m$; donc $TF = \dfrac{ha + hm - al - ml - ay - my - az - mz}{h}$ & faisant

$\dfrac{ha + hm - al - ml}{h} = p$ & $\dfrac{a + m}{h} = q$, nous aurons $TF = p - qy - qz$, & $AF = p - n - qy - qz$ & $FE = b + n - p + qz + qy$: mais à cause des triangles semblables A F S, D F E, nous avons F E : D E :: A F : A S ; donc $AS = \dfrac{mp - mn - mqy - mqz}{b - p + n + qy + qz}$. D'ailleurs A S est égale à A B moins S B, ou égale à A B moins F T L ; donc $\dfrac{mp - mn - mqy - mqz}{b - p + n + qy + qz} = a - \dfrac{hz}{r} - p + qy + qz$; donc en ôtant les fractions, & passant tous les termes d'un même côté, nous ferons,

$$\left.\begin{array}{l} + hqzz - rqqzz - 2rmqy - 2arqy + 2rqpy - rqqyy \\ + hqyz - 2rqqyz \\ + hbz - hpz + hnz + 2rpqz - rqbz - rqnz - arqz - rqmz \\ + rmp - rmn - arb + arp - arn + rbp - rpp + rpn \end{array}\right\} = 0$$

Aprés quoi faisant réflexion que le quarré de O R vaut les quarrez

de

de E O & de E R , nous aurons $h = \sqrt{2aa + 4am + 2mm}$; donc $h = \frac{2aa + 4am + 2mm}{h}$, mais aiant $q = \frac{a + m}{h}$ & $r = a + m$ nous avons $2rq = \frac{2aa + 4am + 2mm}{h}$; donc $h = 2rq$, ce qui fait évanouïr les termes de l'équation précédente où yz se trouve ; de même les termes où z se trouve s'évanoüiffent, parceque $h = 2rq$ & que $b + n = a + m$. Enfin en remettant la valeur de p à fa place, on fera évanoüir tous les termes où l'inconnuë ne fe trouve pas, & il ne reftera que $hqzz - rqqzz - 2rmqy - 2arqy + 2rqpy - rqqyy = o$, & mettant la valeur de q à fa place, & la valeur de hh à fa place, on trouvera $azz + mzz = 2hmy + 2hay - 2hpy + hqyy$; & fubftituant la valeur de p à fa place nous ferons $azz + mzz = 2aly + 2mly + hqyy$, & mettant $\frac{a + m}{h}$ à la place de q nous ferons $zz = 2ly + yy$; ce qui montre que le quarré de l'appliquée L M eft égal au rectangle fur la fléche N M, & fur le côté droit qui eft égal à deux fois O N, & à un rectangle égal au quarré de la fléche N M. Ce qu'il &c.

Corollaire.

Figur. 12. Si du fommet D de quelque triangle A D B on tire les lignes A E qui divifent fa bafe en des parties égales, la ligne A C fera divisée aux points F, de maniere qu'en élevant aux points F des perpendiculaires égales par ordre aux lignes E B, elles fourniront une hyperbole équilatére [a] ; & en mettant fur les points F des lignes obliques égales aux lignes E B, on fera encore toutes les hyperboles poffibles.

Remarque.

Si au lieu d'élever les lignes E B aux points F, on élevoit les lignes C F aux points E, on feroit la même courbe.

§. I V.

Trouver des reductions pour décrire des lignes plus composées, qui font en ufage parmi les Conftructeurs.

Propofition 28.

Figur. 13. SI on divife la bafe A B du triangle A B D en progreffion arithmétique aux points G, & en parties égales aux points L, & que la ligne A C H qui rencontre D H parallele à A B au point H, foit divisée aux points F par les lignes D G. Si deplus on éléve aux points F par ordre des perpendiculaires F E égales aux lignes L B, les points E formeront une concoïde dont H M perpendiculaire fur A H fera la régle.

Démonftr.

Démonſtr. Puiſque les lignes D G approchent à l'infini de la ligne D H , ſans jamais concourir avec elle , les points F approchent à l'infini du point H ſans l'atteindre ; donc les lignes F E , & les points E approchent infiniment de la ligne H M ſans l'atteindre ; donc la ligne H M eſt la régle de la concoïde E C E I. Ce qu'il &c.

Propoſition 29.

Les mêmes choſes étant ſuppoſées ; on trouvera tous les points de la concoïde par rapport à la ligne I N parallele à A C , & à la ligne N H perpendiculaire ſur A C. Faiſons le premier terme de la progreſſion qui diviſe la ligne $AB = a$, la difference regnante $= b$, $AB = c$, $DH = d$, $AH = f$, $AI = l$, $EO = z$, $AF = x$.

Démonſtr. Par la nature de la progreſſion arithmétique [a] nous avons $2llz - 2acly + bcly - bccyy = o$: & à cauſe des triangles ſemblables A G F , D H F , nous trouvons $y = \dfrac{dx}{f-x}$: donc mettant cette valeur à la place d'y dans l'équation précédente , nous trouverons $2llz - \dfrac{2acldx + bcdlx}{f-x} - \dfrac{bccddxx}{ff-2fx+xx} = o$: ce qui exprimera la nature de la courbe , & tous les rapports de ſes points avec ſa régle. Ce qu'il &c.

[a] Prop. 10.

Propoſition 30.

Si on diviſe la ligne A B en progreſſion arithmétiqùe aux points H , & la ligne B C en autant de parties égales qu'il y a de termes dans A B , & qu'aiant décrit le quart de cercle C D ſur le raion B C , on tire les ſinus E G , & les perpendiculaires H I égales par ordre aux ſinus E G : les points I ſeront dans une courbe du troiſiéme genre , dont on déterminera tous les points par rapport aux diſtances A H , & H I. Faiſons le premier terme de l'équation $= a$, ſa difference $= b$, $AB = c$, $BD = l$, $EF = z$, $AH = y$, $HI = x$.

Figur. 14.

Démonſtr. Nous avons [a] $2lly - \dfrac{2aclz + bclz}{bcc} - zz = o$; & parce que E G eſt moienne entre E F & E B plus B D , $z = \sqrt{ll-xx} + l$; ainſi mettant cette valeur à la place de z dans l'équation précédente nous ferons $\dfrac{2lly - 2acll - 2acl\sqrt{ll-xx} + bcll + bcl\sqrt{ll-xx}}{bcc} - 2ll + xx - 2l\sqrt{ll-xx} = o$. Puis faiſant $\dfrac{2acl - bcl}{bcc} + 2l = q$; & $\dfrac{2ll}{bcc} = p$: nous aurons $py - \sqrt{qqll - qqxx} + xx - ql = o$, ou $py + xx - ql = \sqrt{qqll - qqxx}$, & quarrant tout nous ferons $ppyy + 2pyxx - 2qlpy - 2qlxx + x^4 + qqll = qqll - qqxx$,

[a] Pro. 10.

$$\text{ou } x^4 + \left\{ \begin{matrix} +2py \\ qq \\ -2ql \end{matrix} \right\} xx + ppyy - 2qlpy = o.$$ Ce qu'il &c.

X   §. IV.

§. IV.

Trouver une courbe qui passe par plus de deux points donnez, & qui touche une ligne donnée.

Figur. 15. SOient trois points donnez C, D, B, & la ligne CF ; & qu'il faille trouver la courbe CDB, qui touche la droite CF au point C. Aiant tiré CC perpendiculaire sur CF, & DD parallele à CC, tirons les perpendiculaires BA, HL qui coupent la ligne CC aux points L, A, & la ligne DD aux points E, M ; & supposant que la courbe CDBH est une ellipse, ou un cercle, dont les demi-axes soient LC, LH ; faisons AB $= a$, AC $= b$, AE $= c$, ED $= d$, & aiant tiré BI perpendiculaire sur LH, faisons BI $= x$, & HI $= z$.

Alors puisque la courbe CDBH est un cercle, ou une ellipse ; les quarrez des appliquées, & les rectangles sur les fléches seront proportionnels : donc $xx : bb + 2bx + xx :: 2az + zz : aa + 2az + zz$; donc $2az + zz = \dfrac{aaxx}{bb + 2bx}$. De même le quarré BI sera au quarré MD, comme le rectangle HIH au rectangle HMH : donc $xx : dd + 2dx + xx :: 2az + zz : aa + 2az + zz - cc$; donc $zz + 2az = \dfrac{aaxx - ccxx}{dd + 2dx}$; donc en comparant les deux équations on trouvera $\dfrac{aa}{bb + 2bx} = \dfrac{aa - cc}{dd + 2dx}$, ou $aadd + 2aadx = aabb - 2aabx - ccbb - 2bccx$, ou $2aadx - 2aabx + 2bccx = aabb - aadd - bbcc$; donc $x = \dfrac{aabb - aadd - bb \cdot c}{2aad - 2aab + 2bcc}$; sur quoi il nous faut faire les propositions suivantes.

Proposition 31.

Si $aabb = aadd + bbcc$, les lignes BI, HI sont nulles, & la courbe BDC est un cercle ou une ellipse dont les demi-axes sont les lignes AB, AC.

Démonstr. Puisque $aabb = aadd + bbcc$, nous trouverons $x = \dfrac{0}{2aad - 2ab + 2bcc}$. Ce qu'il &c.

Proposition 32.

Si $aabb$ est moindre que $aadd + bbcc$; la courbe sera un cercle, ou une ellipse dont les demi-axes seront LC, LH, mais LA ou BI sera négative, & LC sera moindre que CA.

Démonstr. Puisque $aabb$ est moindre que $aadd + bbcc$, $aabb - aadd - bbcc$ sera une grandeur négative, & puisque b vaut plus que d, $aad + bcc - aab$ sera positive ; donc l'équation précédente se reduit à la suivante $x = \dfrac{-r}{p}$; donc x est une grandeur négative. Ce qu'il &c.

Proposition

Propoſition 33.

Si $aabb$ eſt plus grande que $aadd + bbcc$, & que $aad + bcc - aab$ ne ſoit pas une grandeur nulle, ni une grandeur fauſſe, la courbe ſera une ellipſe, ou un cercle dont les demi-axes ſeront LH, & LC; mais LC ſera plus grande que AC.

Démonſtr. Puiſque les deux termes de la grandeur comparée à la grandeur x, ſont poſitifs, l'équation ſera $x = \dfrac{r}{p}$. Ce qu'il &c.

Propoſition 34.

Si $aabb$ étant plus grande que $aadd + bbcc$, la grandeur $aad + bcc - aab$ eſt nulle, la courbe ne pourra pas être un cercle, ni une ellipſe.

Démonſtr. Puiſque la grandeur $aabb - bbcc - aadd$ eſt poſitive, & que la grandeur $aad + bcc - aab$ eſt nulle, l'équation ſera $x = \dfrac{r}{o}$; donc x ou AL ſeroit infinie; donc la courbe n'eſt pas une ellipſe ni un cercle. Ce qu'il &c.

Propoſition 35.

Les mêmes choſes étant ſuppoſées; la courbe BDC ſera une parabole dont C ſera le ſommet, & CA l'axe, & elle touchera la ligne CF.

Démonſtr. Puiſque $aab = aad + bcc$, nous aurons $aab - aad = bcc$; donc $b - d : b :: cc : aa$; donc la fléche CG eſt à la fléche CA, comme le quarré de l'appliquée GD ou AE au quarré de l'appliquée AB; donc [a] la courbe CDB eſt une parabole. Ce qu'il &c.

_a Conic.

Propoſition 36.

Si $aabb$ étant plus grande que $aadd + bbcc$, la grandeur $aad + bcc - aab$ eſt fauſſe, ou moindre que rien, la courbe ne ſera pas un cercle ni une ellipſe.

Démonſtr. Puiſque l'équation précédente doit ſe reduire à celle-ci $x = \dfrac{r}{-p}$, ſi la courbe étoit une ellipſe, ou un cercle, la ligne AL ſeroit infinie; donc la courbe n'eſt pas un cercle, ni une ellipſe. Ce qu'il &c.

Propoſition 37.

Les mêmes choſes étant ſuppoſées : la ligne CDB ſera une ligne droite, ou une hyperbole qui touchera la ligne CF.

Démonſtr. Puiſque $aad + bcc$ eſt moindre que aab; nous trouverons bcc moindre que $aab - aad$; donc $b - d$ aura plus grande raiſon

X ij

ſon

son à *b*, que *cc* à *aa* ; donc *b — d* pourra être à *b* :: *c* : *a*, & alors la
ligne C D B sera droite ; ou *b — d* sera moins à *b* que *c* : *a*, & plus
que *cc* : *aa*, & alors la ligne C D B sera une hyperbole. Ce qu'il &c.

Remarque.

Si la ligne C G avoit une plus grande raison à C A que A E à A B.
Il ne faudroit que renverser la courbe prenant C A pour la tangente,
& C F pour l'axe.

Proposition 38.

On trouveroit par la même voye une ligne qui passeroit par quatre points, & toucheroit une ligne donnée ; & qui seroit ou une ligne
droite, ou une ligne du second genre, ou une ligne du troisiéme genre : & ainsi à l'infini. Mais comme le calcul en seroit fort long, nous
nous contenterons d'une méthode méchanique pour décrire des courbes qui passent par tous les points donnez, & touchent la ligne donnée.

CHAPITRE TROISIE'ME.

Trouver des machines pour décrire les lignes précédentes.

§. I.

Décrire toutes les lignes du second genre par une seule machine.

Figur. 16. LA machine consiste en une régle A B, au bout A de laquelle
est fixé le bout A d'une chaîne A D, dont le bout D est armé
d'une pointe, qui le peut fixer où il convient. La régle a de plus un
pivot mobile C, qui se peut fixer sur tous ses points, de telle maniere qu'elle peut tourner dessus. Enfin on a un porte-craion E autour
duquel la chaîne A D peut aisément couler.

Figur. 17. Pour se servir de la machine, on étend la chaîne le long de la régle depuis le point A jusques au point E où on la replie autour du porte-craion, & on fixe son bout D en quelque point D, de sorte que les
points A, E, C, D sont sur la même ligne.

Proposition 39.

Si on fait tourner la régle autour du point E, le craion ne fera qu'un
point. Supposons que la régle A E D vient en tournant sur F E I.
   Démonstr. Puisque la ligne F E est égale à la ligne A E, la partie E F de la chaîne sera la même que la partie E A ; donc le point
E où la chaîne se replie autour du craion sera le même, soit que la régle

gle ſoit ſur AEB ou ſur FEI ; donc le craion ne ſort pas du point E.
Ce qu'il &c.

Propoſition 40.

Si on fait tourner la régle ſur le point B autant éloigné du point E Figur. 17.
que le point D ; le craion décrira la ligne droite EH perpendiculaire
ſur AB. Suppoſons que la régle BA eſt portée ſur BG ; je dis que
le craion ſera au point H de la perpendiculaire EH. Tirons DH, &
des centres D, B décrivons les arcs EL, EK.

Démonſtr. Puiſque les triangles EDH, EBH ſont égaux, & les
lignes DL, BK égales, les lignes LH, KH ſont égales : mais les
lignes GHK ſont égales à la ligne AE ; donc les lignes GHL ſont
égales à la ligne AE ; donc les parties GH, HD de la chaîne ſont
égales à toute la chaîne ; donc le repli de la chaîne, & par conſéquent
le craion ſe trouve au point H. Ce qu'il &c.

Propoſition 41.

Si on fait tourner la régle ſur le point D ; le craion E décrira un Figur. 18.
cercle dont DE ſera le raion. Suppoſons que la régle eſt portée ſur
GDHI, & que le point H eſt le lieu du craion.

Démonſtr. Puiſque les parties AD, GD de la chaîne ſont égales,
les parties DED ſont égales aux parties DHD ; donc la ligne DH
eſt égale à la ligne DE ; donc le point H eſt dans un cercle dont
DE eſt le raion. Ce qu'il &c.

Propoſition 42.

On démontrera de même que ſi la régle tourne ſur quelque point Figur. 19.
C entre D & E ; le craion décrira un cercle dont la raion ſera CE.

Propoſition 43.

Si on fait tourner la régle AB autour du point A, le craion E dé- Figur. 20.
crira une ellipſe dont les foïers ſeront A & D, & qui aura pour ſon
grand axe la ligne AD, & deux fois la ligne DE. Suppoſons que
la régle eſt portée ſur AH, & que le craion eſt porté ſur le point G.
Tirons GC perpendiculaire ſur AB, & faiſons $DE = a$, $AD = b$,
$CG = z$, $CE = x$, & la difference qui eſt entre AG & $AE = y$:
nous aurons $DG = a - y$ & $AG = a + b - y$.

Démonſtr. Dans le triangle DGC nous trouverons [a] $aa + 2ay +$ [a] 47.1. Euc.
$yy = aa - 2ax + xx + zz$, ou $2ay + yy = zz + xx - 2ax.$
D'ailleurs dans le triangle rectangle AGC nous avons $yy - 2ay -$
$2by = zz + xx - 2bx - 2ax$; donc ſi on ajoûte ces deux équations
enſemble, en mettant le premier terme de la ſeconde ſous le ſecond

X iij

de

de la premiere , nous ferons $4ay + 2by = 2bx$, ou $y = \dfrac{bx}{2a+b}$; donc si à la place d'y on met $\dfrac{bx}{2a+b}$ dans la premiere équation , on fera $\dfrac{2abx}{2a+b}$ $+ \dfrac{bbxx}{4aa+4ab+bb} = xx - 2ax + zz$, & multipliant tout par $4aa + 4ab + bb$, nous aurons $4aabx + 2abbx = 4aaxx + 4abxx - 8a^3x - 8aabx - 2abbx + 4aazz + 4abzz + bbzz$, ou , $zz = \dfrac{8a^3x - 12aabx + 4abbx - 4aaxx - 4abxx}{4aa+4ab+bb}$: donc le point G est dans une ellipse dont le côté droit est $\dfrac{8a^3 \pm 12aab + 4abb}{4aa+4ab+bb}$, & dont le côté traversant sera $2a+b$. Ce qu'il &c.

Proposition 44.

On démontrera de même , que si on fait tourner la régle sur quelque point L entre A & D , le craion E décrira une ellipse dont les foïers seront L & D , & dont le grand axe sera la ligne LD & la ligne DE prise deux fois.

Proposition 45.

Si aiant supposé le point E également éloigné des points D, B, on fait tourner la régle sur le point F au dela du point B, le craion décrira une hyperbole. Supposons que la régle AF est portée sur FG, & le craion E sur le point H. Tirons HL perpendiculaire sur AF, & prenons DK sur DH, égale à DE, & FI égale à FE : puis faisons $DE = a$, $BF = b$, $LE = x$, $LH = z$, & HK ou $HI = y$.

Démonstr. Dans le triangle rectangle HDL nous trouverons $2ay + yy = zz + xx - 2ax$; & dans le triangle rectangle HLF, $zz + xx + 2ax + 2bx = yy + 2by + 2ay$; & faisant l'addition de ces deux équations comme dans la précédente : nous aurons $y = \dfrac{2ax+bx}{b}$, & mettant cette valeur à la place d'y dans la premiere équation, nous ferons $\dfrac{4aax + 2abx}{b} + \dfrac{4aaxx + 4abxx + bbxx}{bb} = zz + xx - 2ax$, ou $zz = \dfrac{4aabx + 4abbx + 4aaxx + 4abxx}{bb}$: ce qui montre que le point H est dans une hyperbole dont le côté droit est $\dfrac{4aa + 4ab}{b}$, & le côté traversant est b. Ce qu'il &c.

Proposition 46.

Si on fait tourner la régle sur quelque point F entre B & E , le craion décrira encore une hyperbole. Supposons les mêmes choses que dans la précédente , & nous aurons $FL = a - b - x$, $FH = a - b + y$, $HD = a + x$.

Démonstr.

Dém. Dans le triangle LDH nous trouverons $2ay + yy = zz + 2ax + xx$, & dans le triangle LHF nous aurons $2ay - 2by + yy = zz - 2ax + 2bx + xx$. Puis faiſant l'addition de ces deux équations $y = \frac{2ax - bx}{b}$; donc mettant cette valeur à la place d'y dans la premiere équation, nous aurons $\frac{4aax - 2abx}{b} + \frac{4aaxx - 4abxx + bbxx}{bb} = zz + 2ax + xx$; ou $zz = \frac{4aabx - 4abbx + 4aaxx - 4abxx}{bb}$, ce qui montre que le point H eſt dans une hyperbole, dont le côté droit eſt $\frac{4aa - 4ab}{b}$, & le traverſant eſt b, le ſommet E, l'axe EB. Ce qu'il &c.

Propoſition 47.

Enfin ſi on fait tourner la régle ſur un point infiniment éloigné du Figur. 24. point B d'un côté ou d'autre, en pouſſant ſon point E le long de la ligne EC perpendiculaire ſur EA, de telle maniere qu'elle ſoit toûjours parallele à EA; le craion décrira une parabole. Suppoſons que la régle aiant été portée ſur GCI, le craion ſe trouve ſur quelque point H. Tirons HL perpendiculaire ſur AB, & faiſons $DE = a$, HC, ou $LE = x$, $HL = z$, DL ſera $a - x$.

Démonſtr. Puiſque les parties AE, ED de la chaîne ſont égales aux parties DH, GH, nous trouverons que DH vaut DE & HC, ou $a + x$; donc dans le triangle rectangle HDL nous aurons $aa + 2ax + xx = zz + aa - 2ax + xx$, ou $zz = 4ax$; ce qui montre que le point H eſt dans une parabole dont $4a$ eſt le côté droit, AE l'axe, LH l'appliquée. Ce qu'il &c.

Propoſition 48.

Les mêmes choſes étant ſuppoſées; ſi la ligne EC n'eſt pas perpen- Fig. 25. diculaire ſur AE, le craion décrira une hyperbole qui ſera la même ſoit que l'angle AEC ſoit aigu ou obtus, pourveu que le point D ſoit dans la ligne ED perpendiculaire à EC. Suppoſons que la régle AE eſt tranſportée ſur GC parallele à AE, & que le craion ſe trouve au point H : tirons HL perpendiculaire ſur DE & HK perpendiculaire ſur EC : & marquons le point F, où DF parallele à EC rencontre la régle AE. Enſuite faiſons $DE = a$, $EF = b$, $EL = x$, $HL = z$.

Dém. Puiſque les triangles KHC, DEF ſont ſemblables, nous aurons $DE : EF :: HK : HC$, & par conſéquent $HC = \frac{bx}{a}$; mais GH avec DH valent autant que GC & DE ; donc HD vaut DE & HC, ou $a + \frac{bx}{a}$: donc dans le triangle rectangle HDL, $aa + 2bc + \frac{bbxx}{aa} = zz + aa - 2ax + xx$; donc $zz = 2ax + 2bx + bbxx$

$\frac{bbxx - aaxx}{aa}$, ce qui montre que le point H est dans une hyperbole dont E D est l'axe, & qui a $2a + 2b$ pour son côté droit, $\frac{2a^3 + 2aab}{bb - aa}$ pour son côté traversant.   Ce qu'il &c.

§. I I.

Machines particulieres pour l'hyperbole.

Proposition 49.

Figur. 26.

S Oit une chaîne A B A dont un bout A soit fixe au point A, & qui aiant passé par la poulie B, vient saisir avec son autre bout un craion au point A. Je dis que si la poulie B est transportée par l'équerre C A B qu'on fait couler le long de la ligne A C, le craion décrira l'hyperbole qu'on a formé par les sécantes d'un cercle[a]. Sup-

Prop. 25[a].

posons que la jambe A B de l'équerre est portée sur la perpendiculaire L G, & que le craion est sur le point H ; tirons L A, & H I perpendiculaire sur A B ; puis faisons A B $= a$, A I ou G H $= x$, H I $= z$.

Démonstr. Puisque les parties A B, B A de la chaîne valent autant que L H & A L, nous aurons A L égale à A B plus H G, ou $= a + x$; donc dans le triangle rectangle A L G, $aa + 2ax + xx = aa + zz$; donc $zz = 2ax + xx$; donc le point H est dans l'hyperbole demandée[a].   Ce qu'il &c.

Prop. 25[a].

Proposition 50.

Fig. 27.
Prop. 27[a].

Soit le triangle A D B, dont on s'est servi pour décrire une hyperbole par le moien de la ligne A C[a] ; placez au point C le sommet de l'équerre E C F dont la jambe C F peut courir le long de la ligne C A, & qui a deux poulies fixes, une au point C, l'autre au point E. Attachez au point C, & au point B une régle C G B rompuë au point G avec une charniere, & une poulie. Mettez aussi une poulie fixe au point B, & un bouton mobile qui puisse courir dans la coulisse B A ; & aprés avoir fixé le bout d'une chaîne au bouton B, faites la passer par les poulies B, G, C, E, & faites revenir son autre bout au point C où il saisira un craion. Enfin attachez une régle mobile au point D, de sorte qu'en courant sur B A elle poussera l'équerre le long de C A, & le bouton mobile le long de B A, & fera décrire au craion la courbe C H, que je dis être l'hyperbole que nous avons donné dans la proposition 27. Supposons donc que la régle mobile D B étant transportée sur D L, a poussé la jambe C E de l'équerre sur F I, & le bouton mobile sur le point L ; le craion sera sur quelque point H & il faut montrer que F H est égale à L B.

Démonstr. Puisque les parties B C E C de la chaîne sont égales

aux

aux parties LBGFIH, & que les parties BCE ſont égales aux parties BGFI ; il faut que LB avec HI valent EC, ou IF ; donc LB vaut HF. Ce qu'il &c.

Remarque.

La démonſtration ſuppoſe que la ligne BC eſt plus grande que BA , c'eſt pourquoi la machine ne doit s'emploier que pour la courbe ſuivante.

§. III.

Machines pour les lignes plus composées.

Propoſition 51.

POur décrire la concoïde dont nous avons parlé dans les reductions[a]. Reprenons la machine précédente , & mettons le sommet de l'équerre LBM au point B, de telle maniere que la régle mobile DB faſſe couler ſa jambe BL le long de la ligne BA ; mais il faut qu'en même temps la jambe BM ait une couliſſe le long de laquelle puiſſe couler le bouton mobile B , & ſe trouver toûjours dans l'interſection de la couliſſe BM, & de la couliſſe BNR. La couliſſe BNR doit être une parabole formée par la progreſſion arithmétique qui a fait la concoïde. Cela étant ſuppoſé , ſi vous tranſportez la régle mobile DB ſur DL, le craion ſe trouvera au point H, de telle maniere que la courbe CH ſera la concoïde demandée. Aiant fait le premier terme de la progreſſion qui a formé la parabole, $= a$, ſa difference regnante $= b$, $AB = c$, DO parallele à AB & terminée par AC, $= d$, $ACO = f$, $AL = y$, $AF = x$, $AR = l$, HI ou $NP = z$, FH ou $NL = l - z$.

Démonſtr. Par la nature de la portion parabolique BNR[a], $2llz - 2acly - bcly - bccyy = o$; mais à cauſe des triangles ſemblables DFO, AFL, nous avons $y = \dfrac{dx}{f-x}$; donc mettant cette valeur à la place d'y dans l'équation précédente, nous aurons $2llz - \dfrac{2acdlx + bcdlx}{f-x} - \dfrac{bccddxx}{ff - 2fx + xx} = o$, de même nature que l'équation de la concoïde demandée. Ce qu'il &c.

Propoſition 52.

Pour décrire les courbes que nous avons donné dans la propoſition 30. Nous avons le chaſſis 2, 3, 4, 5, dont les côtez 23, 45 ſont percez en couliſſe par où une régle de ſix lignes puiſſe

Y

passer ;

Figur. 27.
a
Prop. 28.

a
Prop. 10.

Figur. 28.

paſſer ; & dont les côtez 25, 34 ont une couliſſe par où une régle de deux lignes peut paſſer : nous avons de plus deux régles, dont la premiere CF eſt épaiſſe de ſix lignes, & a une couliſſe dans ſon épaiſſeur par où peut paſſer la ſeconde régle AB épaiſſe de deux lignes. La régle CF a dix lignes dans ſa largeur où elle a deux autres couliſſes de deux lignes, & elle eſt terminée de part & d'autre d'une équerre, qui la tient perpendiculaire ſur les côtez 23, 54. La régle AB n'eſt large que de ſix lignes, & elle a une couliſſe de deux lignes dans ſa largeur, & elle eſt auſſi terminée de deux équerres qui la tiennent perpendiculaire ſur les côtez 25, 34. Au point P de la régle CF, eſt fixé le bout P de la régle PE qui peut tourner ſur le point P, & qui a une poulie fixe au point E. Enfin nous avons deux chaînes rondes qui peuvent aiſément couler autour des poulies, & deux boutons mobiles 6 & 7 qui peuvent auſſi couler dans les couliſſes. Pour monter la machine on inſere la régle CF dans les couliſſes des côtez 23, 54 du chaſſis, & on l'affermit par le moien des deux équerres ; enſuite on inſere la régle AB dans les couliſſes 25, CF, 34, & on l'affermit de même. De plus nous inſerons le bouton 6 dans l'interſection E des couliſſes CF, AB, de ſorte qu'il occupe l'épaiſſeur de la régle CF, & qu'il ait ſous la même épaiſſeur une poulie dont le roüet ſoit horizontal, & deſſus un anneau fixe. Nous inſerons le bouton 7 dans la ſeconde couliſſe de la régle EF, de maniere qu'il eſt entre la régle AB & le point E ; & neanmoins aiant un coude, il porte un craion ſous la poulie du bouton 6 : il a auſſi un anneau au deſſus. Enfin aiant attaché le bout d'une chaîne au point A de la régle AB, on la fait paſſer par la poulie du bouton 6, & on fixe ſon autre bout en quelque point D du plan ſur quoi on veut décrire la courbe. De même aiant fixé le bout d'une autre chaîne à l'anneau du bouton 6, & l'aiant fait paſſer par les poulies E, P, on fixe ſon autre bout à l'anneau du bouton 7 ; ce qui achéve de monter la machine, afin qu'elle décrive les courbes demandées en pouſſant la régle AB vers le côté 54 du chaſſis.

Suppoſons donc qu'on porte la régle AB ſur MN, le bouton 6 ſe trouvera ſur quelque point R, & par conſéquent la régle CF ſera ſur quelque ligne GRI, le point P ſur L, & la régle PE aiant été pouſſée par la régle BA au bout E, ſera ſur LM égale à PE, & la corde EPE ſera RMLH, & par conſéquent le craion du bouton 7 ſera au point H : & je dis que le point H eſt dans une des courbes que nous avons décrit dans la propoſition 30. Marquons le point S où la ligne GI coupe BA, & faiſons $DE = a$, $PE = b$, $ES = z$, $HS = y$, $SR = x$, & nous aurons $RL = b - x$, $DS = a - z$, $DR = a + z$.

Démonſtr.

Démonſtr. Dans le triangle D S R rectangle nous trouverons $4az = xx$, & dans le triangle rectangle L M R nous aurons $xx - 2bx + yy = 0$, ou $x = \sqrt{bb - yy} + b$; mettons donc cette valeur à la place d'x dans la premiere équation, & nous ferons $4az + yy - 2bb = \sqrt{4b^4 - 4bbyy}$, & quarrant tout nous ferons $y4 + 8az yy + 16aazz - 16abbz = 0$ qui donne la courbe de même nature que celles de la propoſition 30. Ce qu'il &c.

Remarque.

Il peut y avoir trois cas dans les courbes précédentes.

1. Si la difference regnante dans la progreſſion arithmétique qui forme la courbe, eſt double du premier terme, alors l'équation de la courbe ſe trouve être $y^4 + 4llyyz + 4l^4zz - 8l^4z = 0$, & par conſéquent il faudra que le point D de la chaîne ſe trouve ſur la ligne E A, & que la ligne D E ſoit $\frac{ll}{2}$ & P E ſoit l. Ce qui rendra l'équation entierement la même dans la courbe & dans la machine.

2. Si la difference regnante eſt moindre que le double du premier terme, de quelque quantité d, l'équation ſera

$$y^4 + \left\{ \begin{array}{c} + 4llz \\ + ddccll \\ + 2dcll \end{array} \right\} yy + 4llzz \left\{ \begin{array}{c} - 4dcl^4 \\ - 8l^4 \end{array} \right\} z = 0.$$

3. Si au contraire la difference regnante eſt plus grande que le double du premier terme, de quelque grandeur d, nous aurons

$$y^4 + \left\{ \begin{array}{c} + 4llz \\ + ddccll \\ - 2dcll \end{array} \right\} . yy + 4llzz \left\{ \begin{array}{c} + 4dcl^4 \\ - 8l^4 \end{array} \right\} z = 0.$$

Propoſition 53.

Si la difference regnante eſt moindre que le double du premier terme, nous ferons $E C = \frac{dcl}{2}$, & tirant la perpendiculaire $C D = \frac{ll}{2} - \frac{ddcc}{4}$, nous fixerons le bout de la chaîne au point D, & nous décrirons enſuite la courbe, comme dans la précédente, afin quelle ſoit la courbe du ſecond cas. Faiſons D T égale à C E, $CE = r$, $CT = p$, & tout le reſte comme dans la précédente.

Démonſtr. Nous avons dans le triangle rectangle D C E $rr = 2llp$, & dans le triangle R O D $2llz + 2llp = xx + 2rx + rr$, & mettant à la place d'x ſa valeur $\sqrt{ll - yy} + l$, nous ferons $2llz + 2llp - 2ll + yy - 2rl - rr = 2l\sqrt{ll - yy}$, & mettant $2llp$ à la place de rr, & dcl à la

Y ij

place

place de $2r$, nous ferons $2llz - 2ll - dcll + yy = \frac{2l}{dcl}\sqrt{ll - yy}$, & quarrant

$$\text{tout } y^4 \begin{Bmatrix} + 4llz \\ + ddccll \\ + 2dcl \end{Bmatrix} yy + 4llzz \begin{matrix} -4dcl^4 \\ -8l^4 \end{matrix} \begin{Bmatrix} \\ \\ \end{Bmatrix} z = 0. \quad \text{Ce qu'il \&c.}$$

Propofition 54.

Si la difference regnante eft plus grande que deux fois le premier terme ; il faudra prendre E C de forte que le point C foit du côté du point P , & on trouvera de même la courbe du troifiéme cas.

A la plus grande gloire de Dieu.

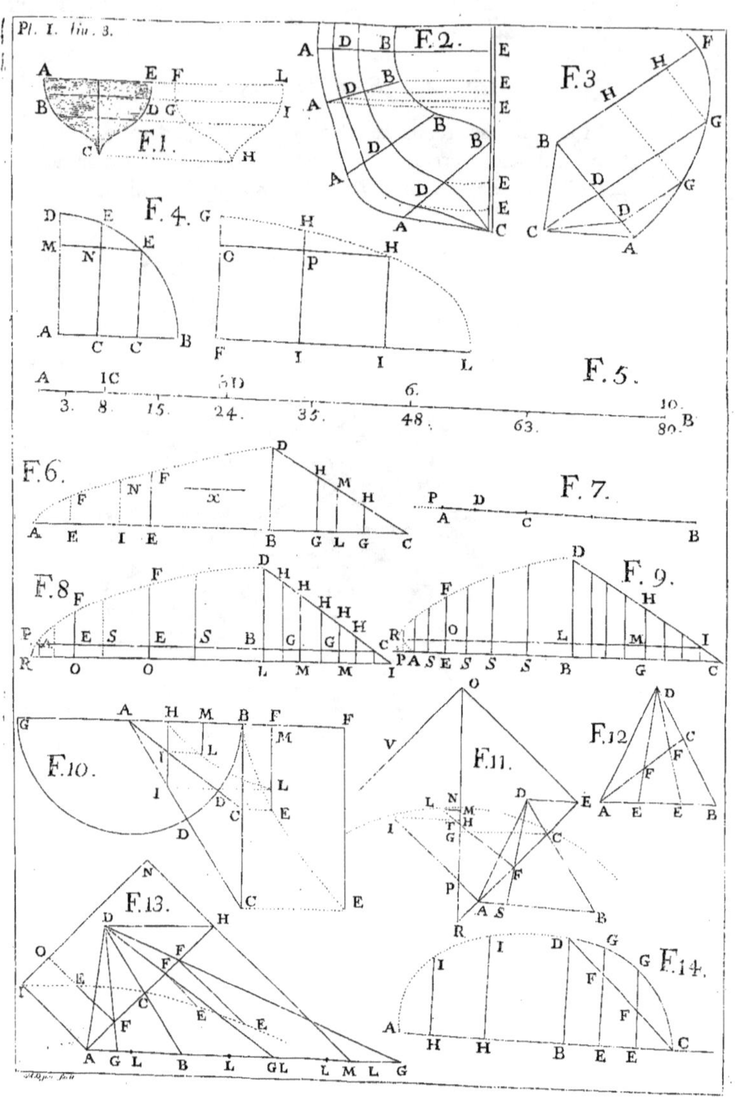

Pl. I. liv. 3.
F.1.
F.2.
F.3.
F.4.
F.5.
F.6.
F.7.
F.8
F.9.
F.10.
F.11.
F.12.
F.13.
F.14.

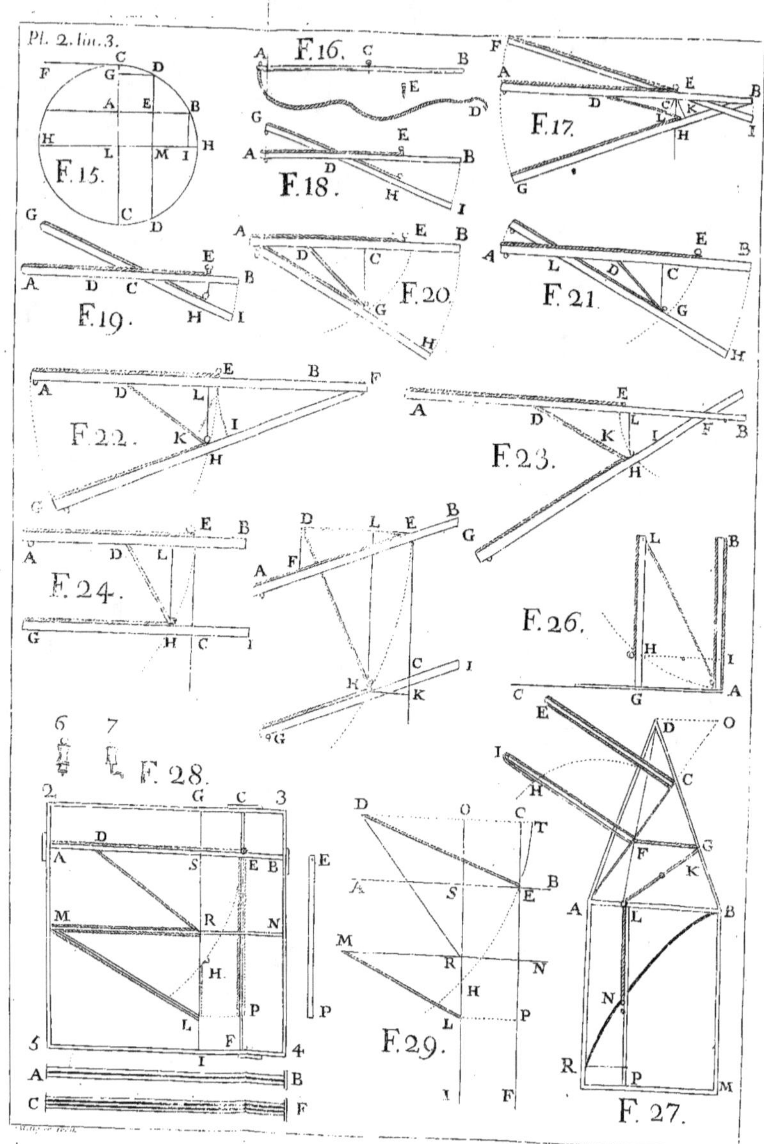

Pl. 2. lin. 3.
F.15.
F.16.
F.17.
F.18.
F.19.
F.20.
F.21.
F.22.
F.23.
F.24.
F.26.
F.28.
F.29.
F.27.

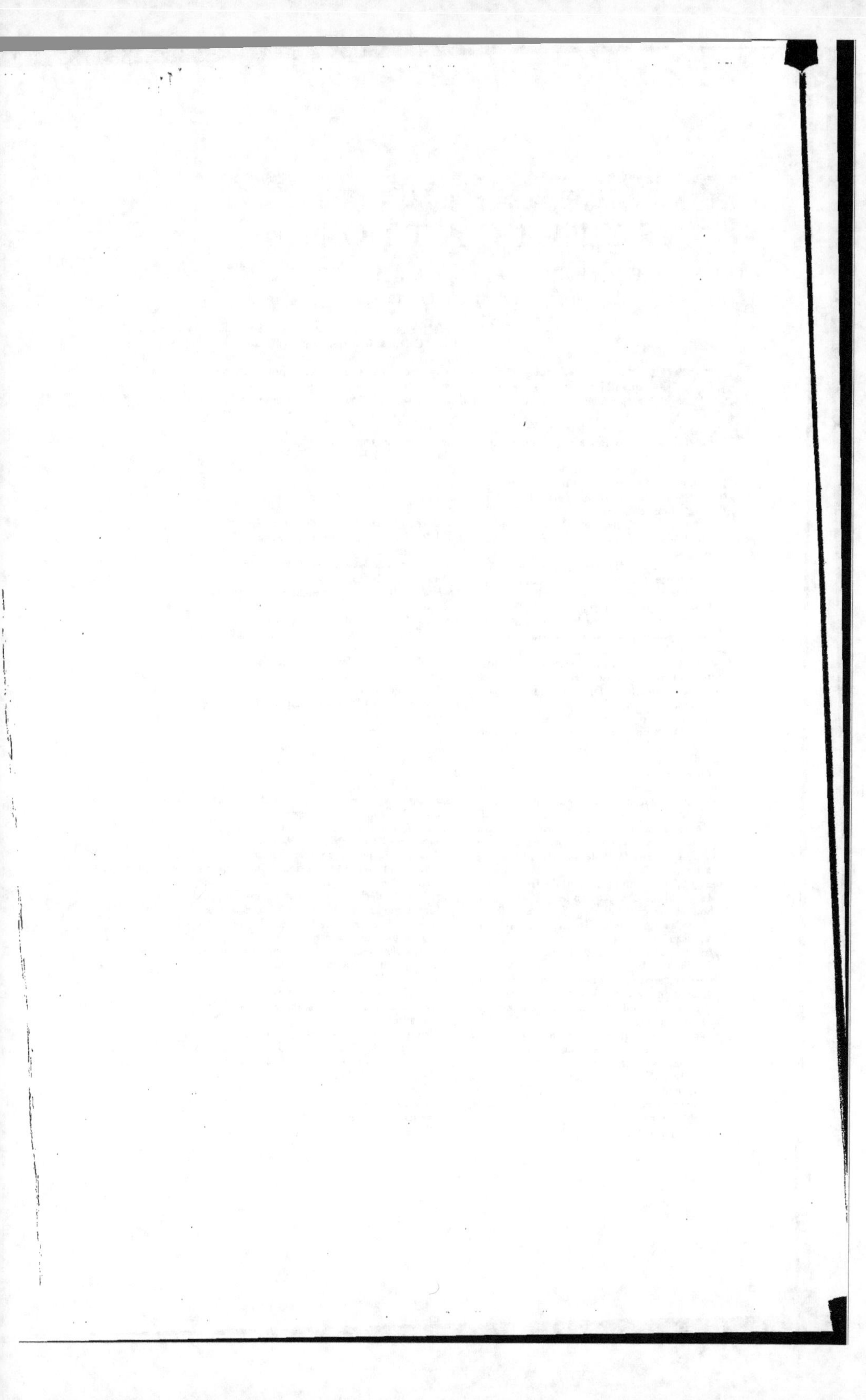

EXPLICATION

DES TERMES DE MARINE DONT on se sert dans cet Ouvrage.

A

 *BATTRE, le Vaisseau abat.* C'est quand les voiles de l'avant reçoivent le vent à contre-sens, & font tourner le Vaisseau de telle maniere, qu'il porte son arriere du côté du vent.

Aborder, c'est donner contre un Vaisseau, soit par accident, soit pour l'insulter : on dit *faire un abordage* dans le premier sens, & *aller à l'abordage* dans le second.

Affalé, se dit d'un Vaisseau que le vent pousse contre une côte, de maniere qu'il ne peut pas s'en éloigner.

Affourcher, c'est arrêter le Vaisseau avec deux ancres, ensorte que les deux cables font comme deux fourchons.

Agréer, c'est mettre au Vaisseau ses mâts, ses voiles, ses cordages ; on appelle *agréts* ces trois sortes de choses, & toutes celles qui leur appartiennent.

Amarrer, c'est attacher, *Amarre,* c'est la corde dont on se sert pour attacher.

Amener, c'est abaisser & faire descendre : *amener les voiles.*

Amiral, se dit proprement du premier Officier de la Marine : on appelle encore *Amiral,* le Vaisseau de celui qui commande une flotte. on dit *aller à l'Amiral.*

Amurer, c'est attacher un des bouts inférieurs de la voile contre le bois du Vaisseau, pour la tenir plus roide du côté du vent qui vient obliquement. *Amure,* se dit de l'état où est une voile quand elle est amurée : on dit *prendre l'amure, courir les amures bas-bord.* La corde qui tient la voile amurée se nomme *Ecoüet.*

Ancre, s. f. C'est un instrument de fer en forme de double-crochet, qu'on jette à la mer au bout d'une grosse corde, afin qu'en s'accrochant au fond contre la terre, il arrête le Vaisseau.

Appareiller, c'est lever l'ancre & mettre le Vaisseau à la voile.

Arborer un Pavillon, c'est mettre un Pavillon au haut d'un mât. *Il arbora le pavillon d'Amiral,* pour dire, il mit un Pavillon blanc au haut du grand mât.

Armement, se dit du travail & des fraiz qu'on fait pour équiper, & pour mettre en mer des Vaisseaux de guerre ; faire un *armement.* On dit aussi être de l'*Armement,* pour dire être destiné pour servir sur les *Vaisseaux* qu'on arme ; ou pour dire qu'on a part aux prises qu'ils feront.

Arrimage, s. m. se dit de la maniere dont on dispose les choses qu'on met au fond du Vaisseau. On dit aussi arrimer un Vaisseau.

Arriver, c'est quand on est à la voile, tourner l'arriere du Vaisseau du côté du vent. *le Vaisseau arrive.*

Artimon, s. m. c'est la voile du mât qui est à l'arriere du Vaisseau : on nomme ce mât, *mât d'Artimon.*

Au-vent, venir au-vent, c'est quand on est à la voile, tourner l'avant du Vaisseau du côté du vent.

B

BAloire, s. f. se dit du contour extérieur du Vaisseau, représenté dans un de ses plans horizontaux.

Bande, mettre à-la bande, c'est coucher le Vaisseau sur un de ses côtez.

Bas-bord, c'est-à-dire, à gauche : on dit encore *à bas-bord.*

Batterie, s. f. se dit des deux rangs de canons qui font sur chaque plancher du Vaisseau. *Batterie basse.*

Batix, s. m. ce sont les poutres qui soûtiennent les planchers du Vaisseau ; *maître Bau* est la plus longue de ces poutres.

Beaupré, s. m. c'est le mât qui est couché sur l'avant du Vaisseau.

Bittes, s. f. ce sont de grosses poutres autour desquelles on entortille le cable, pour le tenir ferme quand le Vaisseau est à l'ancre.

Bord, se dit du Vaisseau ; *aller à bord* pour dire aller au Vaisseau.

Bord se prend encore pour le côté du Vaisseau, *tantôt d'un bord, tantôt de l'autre.*

Bordage, s. m. c'est une planche fort-épaisse, dont on couvre les membres du Vaisseau.

Bordée, s. f. se prend pour le chemin que fait le Vaisseau quand il court au plus-pres du même côté : *une longue bordée. Bordée* signifie encore la décharge de tous les canons qui font d'un côté du Vaisseau. *Je lui donnai mes deux Bordées,* pour dire je fis sur lui une décharge de tous mes canons.

Border, c'est attacher les bouts inférieurs d'une voile, afin qu'elle reçoive le vent, & qu'elle pousse le Vaisseau.

Boüée, s. f. c'est un bois qu'on attache à l'ancre avec une longue corde, afin que quand l'ancre est au fond de la mer, ce bois surnage dessus, & marque l'endroit où elle est.

Bouline, s. f. c'est une corde qui saisit le milieu d'un des côtez de la voile, & la tient en raison, afin qu'elle reçoive le vent, quand il vient de biais.

Boussole, s. f. c'est une rose des vents qu'un fer aymanté fait tourner sur un pivot dans une boîte, afin qu'elle marque le côté du Septentrion,

Explication des termes de la Marine.

tentrion, du midi, & des autres points principaux du monde.

Bras, *s. m.* ce sont des cordes attachées aux bouts des vergues, & qui servent à orienter les voiles.

Brume, *s. f.* c'est un broüillard fort épais.

C

CABLE, c'est une grosse corde qui par le moïen de l'ancre à laquelle elle est attachée, arrête le Vaisseau.

Canot, ou *Esquif*, *s. m.* c'est un petit bateau qui sert aux Officiers de la Marine pour aller d'un Vaisseau à l'autre, ou de leur Vaisseau à terre.

Cap, se dit de la proüe du Vaisseau : mettre le cap sur une tour, c'est diriger la proüe du Vaisseau du côté de la tour, afin qu'il aille vers la tour.

Cape, mettre *à la cape*, c'est reduire le Vaisseau à ses basses voiles, & plier toutes les autres : on met quelque fois à la cape avec la grand' voile seule, ou avec l'artimon seul.

Cargues, *s. f.* ce sont des cordes dont on se sert pour retrousser les voiles, afin qu'elles ne prennent pas le vent : on dit tenir les voiles sur les *cargues* ; on dit aussi *carguer* les voiles, quand on les retrousse avec leurs *cargues*.

Carguer, se dit encore du Vaisseau quand les voiles le font pancher sur un de ses côtez. Le Vaisseau *cargue* beaucoup.

Chaloupe, *s. f.* c'est un petit bateau dont les gens de mer se servent pour porter les provisions au Vaisseau.

Compas de variation, *s. m.* c'est une boussole qui a des pinnules par où on vise au Soleil, ou à quelqu'autre objet, pour voir à quel rumb de vent il répond. Il sert particulierement à trouver la variation, ou la déclinaison de l'ayman.

Contre-Amiral, *s. m.* c'est le troisiéme Officier général d'une Escadre.

Contre-marche, on dit qu'une Armée fait la *contre-marche*, quand tous ses Vaisseaux changent de route les uns aprés les autres dans le même point.

Convoi, *s. m.* se dit du Vaisseau de guerre qui escorte des Vaisseaux Marchands ; on appelle encore *convoi* une flotte de Vaisseaux Marchands.

Couler bas, se dit d'un Vaisseau qui s'étant rempli d'eau s'enfonce dans la mer. *Couler à fond*, se prend plus souvent dans la signification active, c'est faire de si grandes ouvertures dans le corps du Vaisseau, qu'il se remplit d'eau & s'enfonce.

Coup de vent, *s. m.* se dit de la tempête ; *un gros coup de vent*

Couper, c'est couper le cable quand on n'a pas le temps de lever l'ancre pour mettre à la voile.

Courbes, *s. f.* ce sont des piéces du Vaisseau courbées en forme d'équerre.

Courvette, *s. f.* c'est un petit bâtiment de mer fort léger, dont on se sert pour porter des nouvelles, & pour en aller chercher.

Croiser, c'est s'arrêter quelque temps dans un même endroit à la mer, en y faisant diverses bordées, pour attendre des bâtimens qui y doivent passer.

D

DANGERS, *s. m.* ce sont des lieux où les Vaisseaux sont en danger, à cause des écueils, des bancs &c.

Démâter, se dit d'un Vaisseau qui perd quelque mât. Il se prend encore dans la signification active.

Département, *s. m.* c'est le port de mer, où les gens de Marine sont destinez pour servir. *Je suis du département de Toulon.*

Désarmer, c'est ôter les canons, & les agrêts à un Vaisseau de guerre ; on dit aussi dans la signification neutre, le Vaisseau *désarme* : & même un tel Officier *désarme*, pour dire qu'il ne retourne pas à la mer.

Désarmer un canon, c'est lui ôter son boulet.

Désemparer, c'est dans un combat mettre un Vaisseau ennemi hors d'état de combattre, & de maneuvrer.

Doubler, se dit d'un Vaisseau qui passe d'un côté à l'autre de quelque chose. On dit *doubler* un cap, *doubler* un Vaisseau. On dit aussi *doubler* le sillage pour dire faire plus de chemin.

E

EAUX, *se mettre dans les eaux d'un Vaisseau*, c'est se mettre derriere lui, pour faire la même route.

Ecoüet, Voyez *Amurer*.

Echoüer, se dit d'un Vaisseau qui venant à toucher le fond de la mer est arrêté, parce qu'il porte sur la terre, & parcequ'il n'y a pas assez d'eau pour le soûtenir : on prend aussi échoüer dans la signification active.

Ecoutes, *s. f.* ce sont les cordes qui tiennent les bouts inférieurs de la voile.

Elonger, c'est se mettre à côté de quelque chose de long en long.

Embarquer, c'est mettre dans un Vaisseau.

Enseigne de pouppe, *s. f.* c'est un drapeau qu'on met à l'arriere du Vaisseau pour marquer qu'il est d'une telle nation.

Equipage, *s. m.* ce mot signifie les gens du Vaisseau : car l'équipage d'un Vaisseau est composé de tous ceux qui y ont quelque emploi.

Escadre, *s. f.* se dit d'un petit nombre de Vaisseaux qui font un corps. On appelle encore Escadre une des trois parties qui composent l'Armée : on dit *Escadre blanche*, *Escadre bluë*.

Esquif, Voyez *Canot*.

Etaler les marées, c'est profiter du flux, ou du reflux de la mer pour faire route, moüillant quand on les a contraires, & levant l'ancre quand ils deviennent favorables.

Est, *s. m.* signifie Orient *vent d'Est*, vent d'Orient.

Etambord, *s. m.* c'est la piéce de bois qui est entée sur le bout de la quille, & qui soûtient l'arriere du Vaisseau.

Etrave, *s. m.* c'est une piéce de bois qui est entée sur le bout de la quille, & qui soûtient l'avant du Vaisseau.

F

FAÇONS, *s. f.* se dit des endroits du Vaisseau où il commence à diminüer plus sensiblement vers l'avant ou vers l'arriere.

Fanal, *s. m.* se dit des lanternes dont on se sert à la mer.

Faire servir, se dit des Vaisseaux qui aprés s'être arrêter arrêté quelque temps en pane, se remettent en route.

Filer, c'est lâcher & laisser aller une corde, pour en donner autant qu'il est nécessaire.

Flotaison, s. f. c'est l'endroit du Vaisseau qui se trouve à la surface de l'eau.

Forcer de voiles, c'est faire courir le Vaisseau avec le plus de voiles qu'on peut.

Frais, se dit du vent quand il est fort sans tempête.

Frapper, c'est fixer une corde, ou une poulie en quelqu'endroit du Vaisseau, pour faire quelque manœuvre.

Frégate, s f c'est un Vaisseau de guerre qui ne passe pas soixante pièces de canon.

Freler, c'est plier & serrer les voiles en les liant de long en long contre leurs vergues.

G

Gabari, s. m. c'est un modelle de bois sur lequel on trace les pièces du Vaisseau.

Gouvernail, s. m. c'est une pièce de bois qui tourne sur des gonds à l'arriere du Vaisseau, & qui s'opposant à l'eau tantôt d'un côté tantôt de l'autre, pousse la pouppe à droite ou à gauche, & gouverne le Vaisseau.

Grand mât, c'est le mât qui est au milieu du Vaisseau, il donne le nom de grand à tout ce qui lui appartient.

Gros-temps, se dit d'une tempête. *Grosse-mer*, c'est quand la mer est fort agitée.

H

Haler, c'est tirer une corde pour faire venir ce qui y est attaché.

Haubans, s. m. ce sont les cordes qui tiennent les mâts à droite & à gauche, & un peu de l'arriere du Vaisseau.

Houle, s. f. c'est une vague qui est longue, & haute.

Hune, s. f. c'est un grand cercle de bois qu'on met presque au haut du mât ; il sert à tenir les haubans du second mât, qui est comme enté sur le premier, & qui s'appelle mât de Hune.

Hunier, s. m. c'est la voile du mât de Hune.

L

Large, s. m. ce mot signifie la haute mer, ou l'endroit de la mer bien éloigné des côtes. On le prend aussi pour un lieu éloigné d'un autre à la mer : ainsi on dit prendre le *large* d'une tour, passer au *large* d'un Vaisseau.

Larguer, c'est lâcher ; on le prend pour arriver, parceque quand on arrive, on lâche les boulines, les écoûtes, & les bras ; on dit aussi courir largue dans le même sens.

Lisses, s. f. ce sont des pièces de bois en forme de longues régles, que les Constructeurs mettent de long en long sur les principaux membres du Vaisseau, afin de régler les membres qu'on doit mettre entre-deux.

Lit du vent s. m. se dit des lignes par lesquelles le vent souffle ; on dit le *lit* du courant dans le même sens.

Louvoyer, ou Lovier, se dit d'un Vaisseau qui court au plus-prés tantôt à droite, tantôt à gauche pour avancer contre le vent.

M

Maneuvre, s. f. se dit de l'action par laquelle on donne quelque mouvement au Vaisseau : il se dit encore des cordes qui servent à maneuvrer.

Marée, s. f. c'est le flux, & le reflux de la mer.

Mât, s. m. se dit des arbres qui dans le Vaisseau portent les bois traversiers où les voiles sont attachées, & qu'on appelle *vergues*.

Mâture, s. f. ce mot signifie tous les mâts du Vaisseau pris ensemble : *trop de mâture* pour dire des mâts trop longs : on appelle encore *mâture* le lieu où l'on mâte les Vaisseaux.

Matelot, s. m. se dit des gens destinez aux maneuvres du Vaisseau. On le prend encore pour le Vaisseau qui précéde, ou qui suit un Officier général.

Mizaine s. f. c'est la voile du mât qui est droit sur l'Avant du Vaisseau, & qu'on appelle *mât d'avant*, ou *mât de Mizaine*.

Moüiller, c'est jetter l'ancre à la mer pour arrêter le Vaisseau ; on appelle *moüillage* le lieu où l'on moüille.

N

Navire, s. m. c'est un Vaisseau de guerre, ou un Vaisseau Marchand.

Nord, s. m. c'est le Septentrion. *Nord-Est*, c'est le point de l'Horizon qui est entre le Septentrion, & l'Orient ; *Nord-Nord-Est*, c'est le point de l'Horizon qui est entre le Septentrion & le Nord-Est. On prononce Nordai, Nornordai.

O

Ordre, s. m. c'est l'arrangement des diverses parties de l'Armée Navale.

Orienter, c'est donner à quelque chose la situation qui convient. On dit *Orienter* les voiles, le compas de variation &c.

Ouest, s. m. c'est l'Occident : *Nord-Ouest*, c'est le point de l'Horizon qui est entre le Septentrion & l'Occident ; prononcez Noroi, Ouainoroi, Nornoroi &c.

P

Pane, mettre en pane, c'est arrêter le Vaisseau, quand après avoir cargué ses basses voiles, on dispose ses Huniers de telle sorte, que le vent en enfle un pour faire avancer le Vaisseau, & pousse l'autre sur son mât pour le faire reculer.

Parage, s. m. c'est un endroit à la mer, qui donne lieu au Vaisseau de faire les routes, & les maneuvres qui conviennent dans les divers évenemens : *bon parage*.

Pavillon s. m. c'est un drapeau en forme de quarré-long, qui a les deux tiers de sa longueur pour sa largeur.

Perroquet, s. m. se dit de la plus haute voile de chaque mât.

Pilote, s. m. c'est l'Officier marinier qui a soin de la route du Vaisseau.

Pincer le vent, c'est aller à la voile le plus qu'on peut contre le vent.

Plus-prés, s. m. se dit d'une des deux lignes par

où

où le Vaisseau va à la voile le plus qu'il se peut contre le vent.

Point, *s. m.* se dit de la marque qu'on fait sur une Carte-Marine, pour signifier le lieu où l'on croit être à la mer.

Ponant, *s. m.* c'est l'Occident. On appelle Ponantois les gens de mer, qui sont sur les côtes Occidentales de la France.

Pont, *s. m.* se dit des planchers qui divisent le Vaisseau en plusieurs étages.

Porter la voile, se dit d'un Vaisseau qui résiste à l'effort que font les voiles pour le coucher sur son côté.

Pouppe, *s. f.* c'est l'arriere du Vaisseau.

Proüe, *s. f.* c'est l'avant du Vaisseau.

Q

Q̌uart, *s. m.* c'est la garde qu'on fait sur le Vaisseau, pour veiller à sa conservation, *E'tre de quart*, c'est être de garde.

Queuë, *s. f.* se dit des derniers Vaisseaux d'une Escadre, ou d'une Armée.

Quille, *s. f.* c'est une poutre droite, surquoi on ente tous les membres du Vaisseau dont elle fait comme le fondement.

R

Řade, *s. f.* c'est un endroit à la mer, où les Vaisseaux peuvent moüiller à couvert des vents & de la tempête.

Radouber, c'est réparer les ouvertures qui se trouvent dans le corps du Vaisseau, en y mettant de nouveaux membres, ou de nouveaux bordages.

Refale, *s. m.* c'est le retour du vent qui est réfléchi par les terres.

Refouler la marée, c'est aller directement contre le courant de l'eau ; on dit le vent nous fait refouler la marée.

Relâcher se dit d'un Vaisseau qui à cause du mauvais temps quitte sa route, & retourne en arriere pour chercher un abri.

Relingue, *s. f.* c'est une corde qu'on coud le long des extrémitez de la voile, pour les fortifier.

Relever, se dit des Pilotes qui visent à quelque chose par les pinnules du compas de variation, pour voir à quel rumb de vent elle répond.

Remorquer, c'est tirer quelque chose aprés soi à la mer.

Remoux, *s. m.* se dit de l'eau que le Vaisseau entraîne aprés soi.

Revirer, se dit d'un Vaisseau, qui aprés avoir couru d'un côté au plus-prés, change de route pour courir au plus-prés de l'autre côté. Revirer vent-devant, c'est revirer en venant au vent. Revirer vent-arriere, c'est revirer en arrivant.

Rifée de vent, *s. f.* c'est une bouffée de vent violente & passagere.

Rouler, se dit d'un Vaisseau qui se couche alternativement sur ses côtez, en faisant comme des vibrations. Ce mouvement du Vaisseau se nomme *rouli*.

Rumb de vent, *s. m.* c'est une des trente-deux pointes de la rose des vents.

S

Šabords, *s. m.* ce sont les ouvertures du Vaisseau, par où on tire le canon.

Signaux, *s. m.* ce sont les marques, dont les Vaisseaux se servent, pour signifier les choses dont ils ont convenu.

Sillage, *s. m.* c'est le chemin que le Vaisseau fait à la mer.

Sivadiere, *s. f.* c'est la voile du Beaupré.

Sonde, *s. f.* c'est un plomb attaché au bout d'une longue corde ; on s'en sert pour connoître la profondeur de l'eau.

Soufflage, *s. m.* c'est le bois qu'on ajoûte au Vaisseau au dehors vers la flotaison, pour lui faire mieux porter la voile.

Stribord, signifie à droite ; on dit aussi à stribord.

Sud, *s. m.* c'est le Midi. *Sud-Est*, c'est le point de l'Horizon qui est entre le Midi & l'Orient. On prononce Suai, Aisuai, Susuai.

T

Ťanguer, se dit d'un Vaisseau qui à diverses reprises éléve, & enfonce sa proüe dans la mer ; ce mouvement du Vaisseau se nomme Tangage.

Tenir le vent, c'est aller à la voile contre le vent.

Tenuë, *s. f.* se dit du fond de la mer quand les ancres s'y arrêtent aisément : *un fond de bonne tenuë*.

Tomber, se dit d'un Vaisseau dont les ponts, & la quille se courbent de telle maniere que le milieu est élevé. On dit aussi qu'un Vaisseau tombe sous-le vent, lorsqu'il perd l'avantage du vent.

Tonture, *s. f.* se dit d'une certaine rondeur qu'on remarque dans les diverses parties du Vaisseau.

Toüer, c'est faire avancer le Vaisseau en se tirant sur des cordes attachées à des ancres qu'on porte bien avant du côté où on veut aller.

V

V̌arangues, *s. f.* ce sont les côtes du Vaisseau qui sont rangées sur la quille, depuis le milieu jusques aux façons de part & d'autre.

Variation, *s. f.* c'est le defaut de la Boussole dont le Septentrion ne regarde pas précisément le Septentrion du monde, mais décline un peu à l'Orient ou à l'Occident.

Vergues, *s. f.* sont des bois traversiers qui portent les voiles.

Vice-Amiral, *s. m.* c'est le second Officier général d'une Escadre.

Voilier, *bon-voilier*, se dit d'un Vaisseau qui est vîte à la voile.

Voiture, *s. f.* se dit de la quantité de voiles qu'on fait servir pour pousser le Vaisseau.

Voute, *s. f.* la voute d'un Vaisseau est la partie de sa pouppe qui forme la salle de son second pont, & qui est arquée.

F I N.